BASICS

DESIGN IDEAS
설계개념의 기초

Bert Bielefeld, Sebastian El Khouil 공저

정성욱 옮김

Spacetime

BASICS

DESIGN IDEAS

설계개념의 기초

차례 CONTENTS

\\ 머리말 _7

\\ 0. 서론 _9

\\ 1. 설계의 기초 _11

\\ 2. 맥락 속에서 설계하기 _15
\\ 2.1 풍경과 기후 _18
\\ 2.2 도시계획과 건축적 맥락 _20
\\ 2.3 사회적 요인과 사회문화적 요인 _32

\\ 3. 설계와 기능 _39
\\ 3.1 사용자 요구에 반응하기 _39
\\ 3.2 공간배분계획과 내부구성 _41

\\ 4. 설계의 구성요소 _47
\\ 4.1 질서와 비례 _47
\\ 4.2 설계의 기초요소 _50
\\ 4.3 공간과 신체 _56

\\ 5. 재료와 구조에 관한 작업_63
\\ 5.1 설계요소로서의 재료와 구조 _63
\\ 5.2 우리는 재료를 어떻게 지각하는가 _67

\\ 6. 아이디어에 도달하기 _69
\\ 6.1 창의성과 창의성기법 _72
\\ 6.2 방법과 전략 _74

\\ 7. 결론 _79
\\ 역자후기 _81

\\ 부록 _84
\\ 참고문헌 _84
\\ 그림출처 _86

머리말

설계는 체계화하거나 유형화하기 어려운 과정이다. 설계는 다양한 접근과 영향, 시행착오의 과정이 만들어내는 결과이며, 특히 학생들이 개념 생성과 설계의 세계에 첫 발을 내딛을 때 그러한 시행착오를 겪는다. 학생들은 무엇인가를 시도하고 종종 그 가능성이 제한되어 있음을 깨닫지만, 그들의 아이디어는 대개 새로운 대안과 흥미로운 결과로 이어진다. 이렇게 장애와 좌절을 딛고 영감과 희열이 결합할 때 학생들은 설계 과제를 선명하게 이해하게 되고, 결국 하나의 디자인이 윤곽을 갖추게 된다. 심지어 오랫동안 실무에서 일하며 많은 지식을 쌓아온 건축가들조차도 이와 같은 설계과정을 겪게 된다.

모든 설계는 어떤 아이디어에 대한 탐구, 혹은 하나의 과제를 어떻게 풀어야 하는가에 대한 직관적으로 이해하고자 하면서 시작한다. 이러한 설계 아이디어는 설계자가 그것을 더 정확하게 정의하고, 수정하고, 디테일을 추가하고, 결과물들을 숱하게 스스로 퇴짜 놓게 되는 오랜 여정의 출발점이다. 『설계개념의 기초』라는 제목의 본서는 주제 면에서 이와 같은 과정의 시작에 국한되어 있지만, 이러한 시작이 그 과정의 방향을 설정하고 종종 결과에도 영향을 미친다. 본서의 목적은 효과적 접근방법의 다양성과 영감의 원천들을 기술하는 것뿐만 아니라 창의성을 펼치는 방법들을 소개하는 데 있다. 이에 본서의 내용은 학생들이 개별적인 주제와 개념들을 더욱 깊이 탐구할 수 있도록 구성되어 있다. 이를 위하여 의도적으로 특정 건축양식과 독단적인 원리들을 피하는 데 초점을 두었다. 여기서 관건은 간단하면서도 복잡한 다음 질문이다. 최초의 아이디어를 어떻게 떠올릴까?

베르트 비엘레펠드, 편집자

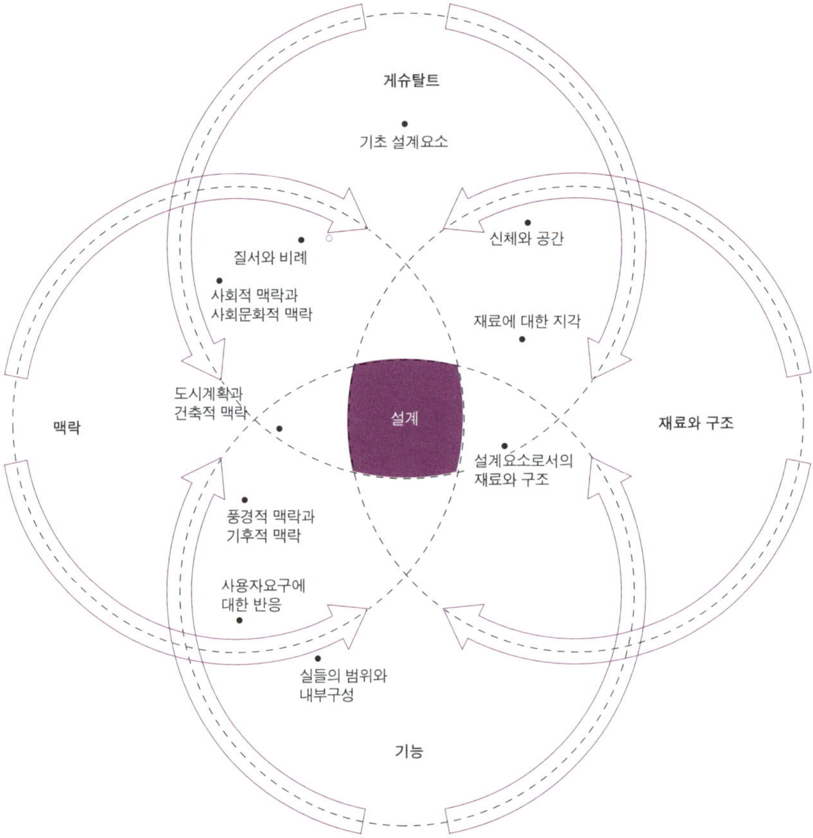
게슈탈트
기초 설계요소
신체와 공간
질서와 비례
사회적 맥락과
사회문화적 맥락
재료에 대한 지각
도시계획과
건축적 맥락
맥락
설계
재료와 구조
설계요소로서의
재료와 구조
풍경적 맥락과
기후적 맥락
사용자요구에
대한 반응
실들의 범위와
내부구성
기능

그림 1:
디자인 맵

0. 서론

건축은 공백상태에서 만들어지지는 않는다. 건축이란 대개 맥락에 대한 반응이며, 맥락 속에서 구축된 현실이 된다. 또한 건축은 어떤 과제에 대한 구체적인 해결책을 제공하고 그 설계와 재료들을 통해 발현되는 기능들을 수행할 것으로 기대된다. 이것이 "디자인 맵"에서 설정한 요인들-맥락, 기능, 형태, 재료, 구조-이 모든 건축설계에 직접 관계되는 이유이다. 〉그림. 1 참고 이러한 요인들은 한 건축물을 위한 모든 설계요소들이기도 하다. 더욱이 이들은 설계 아이디어를 발전시키는 전략의 측면에서 가장 큰 잠재력을 갖는다.

이제부터 소개되는 장들은 설계에 관련된 요인들을 체계적으로 제시하고, 설계의 접근법과 개념들을 가능한 한 고려하여 이들을 분석할 것이다. 그리고 기타 설계 관련요인들에 대한 다양한 연결로 상호간의 가능한 접점과 의존점들을 강조할 것이다. 이러한 상호참조는 개별주제들이 서로 엮이는 방식을 보여주기 때문에 여러분이 설계의 아디이어 단계에서 막다른 길에 빠지지 않게 해줄 것이다. 또한 각 장에 언급된 건축물 사례들과 보다 심화된 건축 관련서적들을 통하여, 논의된 방법론들과 이들의 건축적 응용에 대한 보다 상세한 연구가 가능할 것이다.

이러한 설계요인들은 여러분 자신만의 아이디어들을 생성해 내고자 할 때 사용할 수 있는 하나의 틀을 형성한다. 그 요인들을 통해 여러분은 초기 설계단계에 대해 구조화된 방식으로 정보와 영감, 양자에 관계된 원천들의 판로를 열 수 있을 것이다. 설계과정의 맨 처음부터 모든 정보와 조건, 인식들을 모아 일관된 방식으로 시각화하는 것이 종종 도움이 된다. 이러한 연습을 통하여 간과하였던 연관성과 초점들이 가끔 드러나기도 하며, 한편으로는 지식이 부족하거나 모순들이 있을 수 있음을 지적해주기도 한다.

본서의 마지막 부분에서는 설계과정에 최초로 "뛰어들어" 종종 어려움을 겪는 여러분들을 도울 다양한 방법과 실천전략들을 소개하고 있다. 이 부분에서 집중해야 할 것은 여러분의 설계 작품과 관련될 개별적인 접점들이다.

1. 설계의 기초

설계과정
The design
process

설계는 복잡하고 종종 모순적이기도 한 비선형적 과정이다. 이 점은 초보자들의 작업 못지않게 숙련된 건축가들의 작업에서도 마찬가지인데, 이는 설계라는 놈의 고유 속성 때문이다. 심지어 과제의 디테일들이 분명하다 할지라도, 그 과정의 목적은 불분명하다. 설계를 배우는 과정은 접점과 의존점에 대한 인식과 주어진 어떤 과제에 대해서도 그 맥락체계에 대한 이해를 가능케 하는 방법들을 찾는 여행이다. 따라서 건축가들은 이러한 요인들을 건축에 적용하면서 그들의 지식과 경험, 공간적 상상, 그리고 창의성을 활용한다.

모든 설계는 새로운 지식을 얻고 그 과제에 맞는 하나의 프로토타입을 만들어낼 수 있는 기회를 여러분들에게 제공하는 새로운 질문들을 제기하기 마련이다. 설계 과정은 단지 건축 직종에 종사하는 모두를 연결하는 하나의 중심요소에만 그치지 않는다. 설계과정은 작품의 가장 흥미로운 측면들 가운데 하나이다.

답변이 아니라 질문을
Questions instead
of answers

새로운 과제를 시작할 때는, 그 과제의 복잡성을 제대로 다루지 못할 단순한 답변들을 성급하게 찾으려 하기보다는 올바른 질문들을 하는 것이 무엇보다 중요하다. 그 과제의 일차적인 맥락으로부터 수많은 질문들이 떠오를 것이다. 따라서 설계의 구체적 조건들이나 건축 작품사례들을 집중적으로 살펴보는 것이 과제에 접근하는 좋은 방법일 수 있다. 다양한 전략과 방법들 중에서 여러분이 선택할 수도 있다.

분석과 영감
Analysis and
inspiration

통상적인 방법 다음과 같은 가장 중요한 요인들을 상세하게 연구하고 분석하는 것이다.

_ 도시계획적 맥락/풍경적 맥락

_ 대지의 역사

_ 사용자 요구조건과 사용요건

_ 유사한 기능의 유사맥락 속에 있는 다른 건물들

이러한 정보를 분석의 결과들과 연결하면, 구체적인 설계개념으로 이어질 아이디어들을 만들어내는 데 도움이 될 것이다. 과학적인 분석뿐만 아니라 제약이 적기 때문에 보다 자유로운, 더욱 흥미로운 다른 방법들을 추구할 수 있다. › '아이디어에 도달하기' 장 참고

또 다른 접근으로는 설계과정의 맨 처음부터 영감이나 아이디어를 찾는 방법이 있다. 아이디어는 과제의 개별적인 세부사항들이나 그 요구조건들, 혹은 심지어 과제와는 아무런 직접적 관계가 없는 영감의 원천들로부터 도출될 수도 있

다. 〉 '아이디어에 도달하기' 장의 '방법과 전략' 참고 작업이 계속되면서 다른 요구조건들과 설계의 수준은 점차 개념 속으로 통합된다. 결국, 설계는 하나의 지속적인 변형과정 속에서 진화하는 것이다.

어떤 방법을 선택하는 것이 옳으냐는 개인의 작업 스타일과 그가 활용하는 기술, 그리고 그 과제의 구체적 사항에 따라 달라진다. 설계에 따라 달라질 수가 있는 것이다. 모든 학생들은 스터디 과정에서 다양한 접근법과 해결책들을 시도할 기회를 활용해야 한다. 이는 각 접근 방법들마다의 장단점을 인식하고 어떤 접근 방법이 가장 적합한지를 알아내는 데 목적이 있다.

경험
Experiences

개인적인 경험과 지각은 아이디어 발상과정에서 결정적이다. 모든 연습과정에서 설계 작업의 수단들을 연마하면서 올바른 경로인지에 대한 느낌을 발전시켜야 한다. 펜으로 작업하느냐, 아니면 컴퓨터나 모형으로 작업하느냐는 목적을 향한 하나의 수단일 뿐이다. 지속적인 연습을 통해 얻는 가장 중요한 보상은 지적인 수준의 도달이다. 잘 다져진 길을 그대로 따라가는 것이 아니라, 새로운 아이디어들을 시도하고 시행착오를 통해 배우며 설계할 때 새로운 창의적 기질들을 활용할 수 있고 다양한 건축적 레퍼토리를 발전시킬 수가 있다. 창의성을 발전시키는 일은 대학 졸업과 함께 끝나는 것이 아니다. 이는 신중하면서도 집중적으로 관여해야 하는 평생에 걸친 과정이다.

과제와 직접 관계되지 않은 외적 영향들도 설계과정에서 결정적인 요인들이다. 설계 작업이 팀별로 이루어질 경우 타인과의 대화 속에서 아이디어들이 떠오를 수 있으며, 팀의 각 구성원이 서로에게 조언하고 나아가야 할 올바른 경로를 찾아감으로써 설계과정에 기여할 수 있다. 건축가가 건축주와 소통할 때나 학생들이 대학에서 과제를 평가하는 교수들과 소통할 때도 마찬가지다. 아이디어의 교환은 각자 자신의 한계 이상으로 성장하는 데 도움을 줄 수 있으며, 한편 외부로부터의 집중적인 피드백은 너무 빠른 포기를 방지하고 지속적인 자극을 제공한다. 학생들은 어떤 방법이 자신의 목표를 이루는 데 도움이 되는지의 여부를 배우며, 타인들의 경험으로부터 도움을 얻는다. 〉 '창의성과 창의성기법' 참고

건축의 공간적 경험
Spatial experience of architecture

건축물이 풍부한 경험을 제공할 수도 있다. 건축물들을 집중적으로 연구하고 실제로 경험해보는 것은 아이디어와 방법들에 정통하게 되는 좋은 방법이다. 〉 '아이디어에 도달하기' 장 참고 서적은 학생들에게 새로운 세계를 소개하고 스터디를 하는 동안 영감의 원천으로서는 도움이 되지만, 대체적으로 상당히 선택적이기 때문에 총체적인 맥락을 보여주지 못하곤 한다. 학생들이 자신의 모든 감각을 동원하여 한 건물을 경험한다면 그 기억은 오래갈 것이고 중요한 경험이 될 것이다. 건축물

그림 2:
건축물의 외관에 영향을 주는 것은 설계뿐만 아니라 그 이후 건축물의 사용자들이기도 하다.

그림 3:
현지 방문을 통해 사용자들이 건물을 본래 용도로 사용하고 있는지의 여부를 알 수 있다.

을 방문하여 그 공간을 경험해보고 주변의 모든 방향에서 그 건축물을 관찰해보는 일은 필수적이다. 반드시 건축물을 만져보고 느껴봐야 하며, 사람들이 어떻게 건물을 사용하고 있는지를 꼭 이해해야 한다. › 그림 2 참고 이렇게 해야만 그 건축물의 총체적인 아이디어를 이해하고 자기 작품을 위한 통찰력을 얻을 수 있다. 반드시 건축물을 스스로 경험해야만 자신의 작품에 지속적인 효과가 나타날 것이다. › 그림 3 참고

설계에 대한 관점 발전시키기
Developing a perspective on design

여러분이 설계과제를 통해 얻는 경험과 건축물에 대한 숙고는 설계과제를 풀어내는 방법에 관한 관점을 발전시키는 데 점차 도움을 줄 것이다. "설계 관점(design perspective)"이라는 용어는 설계과정에 대한 의식적 접근과 더불어 계획안을

\\ Tip:
가능한 한 건축물을 많이 봐야 한다. 시작하기에 좋은 한 가지 방법은 여러분이 사는 도시를 거닐어보면서 쇼핑가와 주택가의 건축물들을 세심하게 관찰하고 분석해보는 것이다. 그러면 그 환경에 대한 어떤 느낌을 갖게 될 것이다. 이에 못지않게 중요한 것은 유명한 건축가들이 설계한 건축물들을 탐구해보는 것이다. 도시 투어, 돌아다니다 잠시 멈춰 들러보기, 스터디 과정중이거나 스터디를 끝내고 하는 답사 모두가 한 지역권이나 도시에 있는 유명한 건축을 볼 수 있는 좋은 기회를 제공한다.

현실로 번안하는 방식을 지칭한다. 이는 반드시 어떤 명료한 건축언어의 감각이 느껴지는 독특하고 특이한 스타일을 필요로 하는 것은 아니다. 오히려 설계 관점이란 작품의 통합적인 원리이며 여러분이 설계과제와 프로젝트들을 다루는 방식으로부터 나타나는 결과이다.

이러한 설계 관점은 종종 설계자의 특성과 직접적으로 관련되며, 건축과의 상호작용에만 국한되지 않는다. 이는 전적으로 개인적인 세계관의 표현일 수도 있고 보다 폭넓은 사회적 맥락이나 철학과 연관될 수도 있다. 따라서 하나의 설계 관점을 발전시키는 과정은 개인적인 성숙화 과정의 일부이며, 강제적으로나 인위적으로 만들 수 없는 것이다. 건축을 공부하는 학생들은 유명한 건축가들의 건축미학과 설계관점들에 대한 탐구를 시작할 때 공감을 느껴서 자기 작업에 적용할 수 있다고 생각되는 역할모델과 방법들을 찾는 경우가 많다. 자연스럽게 학생들은 이미 활용된 방법과 관점들을 이해하고 대학에서 자신들이 진행 중인 디자인에서 이를 시도하거나, 활용하여 경험을 얻는 것이 유익하다고 생각한다. 이는 인지도 있는 유명한 디자인 세계를 탐구하는 유일한 방법이다. 그러나 장래에 건축가가 될 이들이라면 스스로를 어떤 일정한 경로로 국한시켜 발전을 제한하는 단 하나의 정론에 속박되어서는 안 된다.

그림 4:
공공 광장이 얼마나 붐비는지에 대한 관찰

그림 5:
빛의 분위기는 시간에 따라, 한적한 지역은 그늘에 따라 변한다.

2. 맥락 속에서 설계하기

각각의 설계는 아주 특수한 맥락 속에서 일어나는데, 이는 건축 대상지와 그 주변이 될 수도 있고 사회적이고 사회문화적인 맥락일 수도 있다.

그 과정을 대지조사로 시작할 수는 있겠지만, 종국에 지어질 건축물을 반드시 그 주변조건들에 맞춰야만 하는 것은 아니다. 어떤 개별적인 형세나 주변조건과 대치되는 상태를 대안으로 설정할 수도 있다. 비록 그렇다 하더라도 어떤 결정들이 무슨 효과를 낼지 이해하기 위하여 대지를 면밀이 조사하는 것은 중요하다. 대지가 위치하는 환경이 전원이냐 도시냐에 따라 자연적이거나 인위적인 영향들이 지배적인 역할을 수행할 것이다.

지역적 현장감
Local presence

대부분의 경우, 대지와 그 주변에 대한 집중적인 연구는 설계 아이디어를 찾는 데 매우 도움이 된다. 스케치와 측량, 방문 등을 통해 대지를 3차원적으로 이해하려고 시도해야 하며, 특히 그 지형이 독특할 경우에 그렇다. 또한 충분한 시간을 두고 주변의 풍경 및 그 풍경과의 상호작용을 탐구해야 한다.

풍경모형
Landscape models

보다 폭넓은 풍경을 고려할 필요가 있거나 지형이 특히 중요한 역할을 수행할 경우에는, 입면을 보여주는 풍경모형의 제작이 유용할 수 있다. 이 모형은 초기 디자인이 주위 공간에 주는 효과들을 점검하고 최적화하는 데에 활용될 수 있다. 또한 해당 대지를 직접 찾아가서 가능한 계획들을 연구해보고 모형의 적절한 단면을 선택하는 일도 중요하다. 〉 그림 6 참고 더 큰 맥락들-도시체계, 건축물들 사이의 시야 등-을 묘사하려면 중요한 모든 관계들을 그 모형 속에 통합시켜야 한다. 〉 그림 7 참고 도시환경에 위치한 설계 프로젝트를 준비할 때는 그 입지에 대한 느낌을 얻기 위해 지엽적, 광역적으로 주변 환경에 대한 공간분석을 실시해야 한다. 이러한 분석들은 구축계획, 개발구조, 도시의 가로와 경로들 간의 관계, 광장과

\\ Tip:

건축 대상지를 직접 찾아가 주간에 시시각각 이루어지는 일상생활을 관찰해보는 것도 바람직하다. 보행자들은 어디서 걸어 다니고 어떤 관점에서 그 대지를 바라보는가? 조용한 지역은 어디에 있고, 번잡한 거리는 어디에 있는가? 분위기는 어떻게 만들어져 있으며, 낮 시간 동안 빛은 어떻게 변화하는가? 〉 그림 4와 5

그림 6:
풍경모형: 전원적 맥락 속의 건축

그림 7:
풍경모형: 도시적 맥락 속의 건축

녹지의 설계 등 수많은 형식을 취할 수 있다. 〉그림 8 참고 앞서 언급한 장점들 이외에도, 풍경모형은 대지를 원거리에서 사방으로 볼 수 있게 해주며 대지 자체에서는 종종 보이지 않는 시야의 연결을 찾아낼 수 있게 해준다.

입지에 대한 조사는 해당 지역상황에서 성문화되지 않은 기본적인 규칙들을 이해하는 데 도움을 준다. 요소들 간의 체계와 의존성, 관계가 명확해져야 설계를 위한 토대로서 기능할 수 있는 구조로 응집된다. 설계는 이러한 구조 속에서 조화롭게 통합되거나 해석을 위한 대안적 접근법들을 활용할 수 있다. 마찬가지로 의도적으로 주변 환경에 대한 "대립"을 선택하거나 어떤 자율적인 설계 아이디어를 발전시킬 수도 있다. 필수적인 것은 작품은 장소에 대한 유기적인 이해에 기초해야 한다는 점이다. 만약 여러분이 결국 주변 환경과 대립하는 방식을 추구한다면, 이는 의도적인 선택일 것이고 그렇게 이해해야 한다.

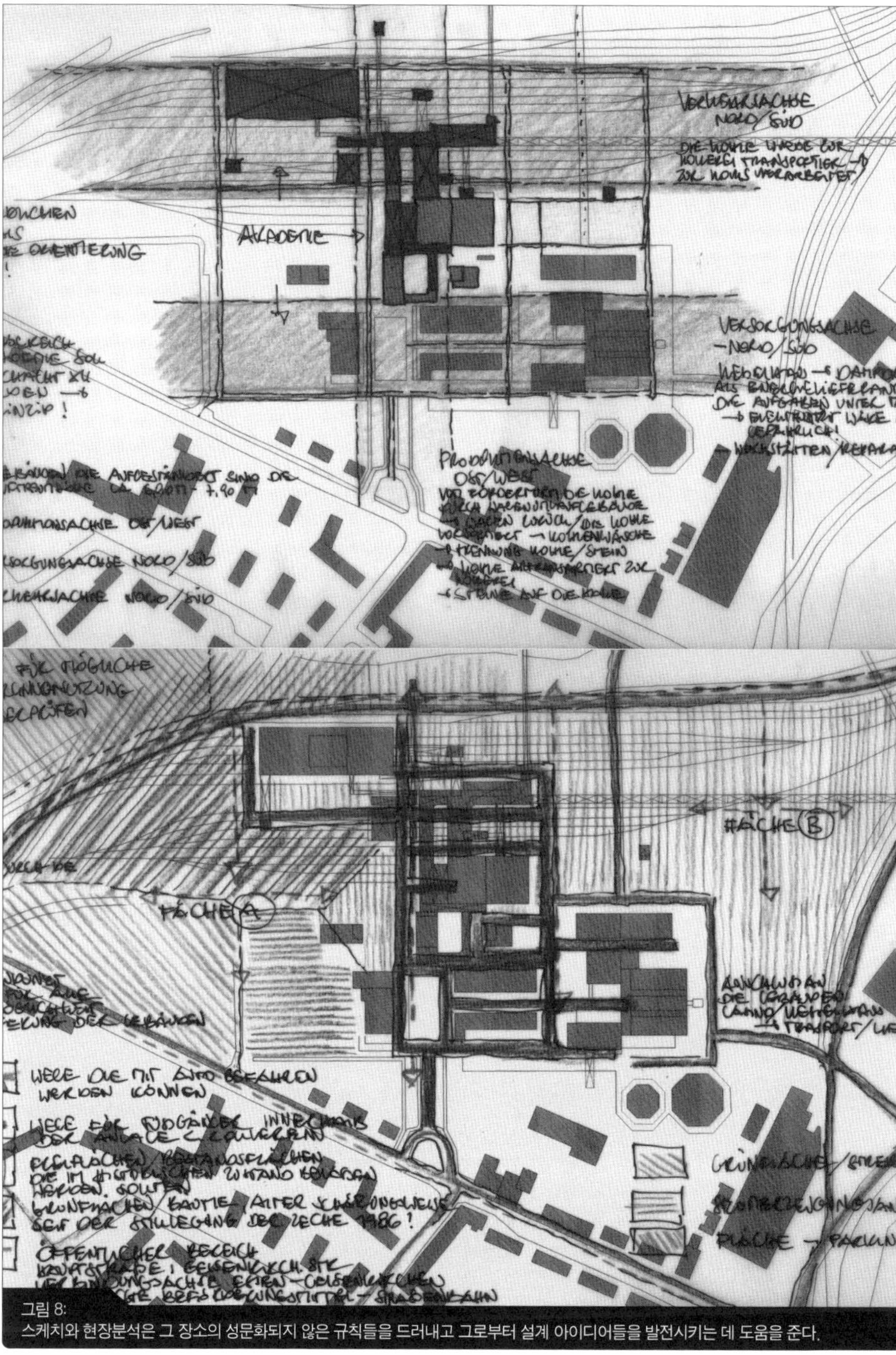

그림 8:
스케치와 현장분석은 그 장소의 성문화되지 않은 규칙들을 드러내고 그로부터 설계 아이디어들을 발전시키는 데 도움을 준다.

그림 9:
전망탑의 모습들을 보여주는 스케치

2.1 풍경과 기후

개별 대지 이상의 폭넓은 풍경을 연구하면 눈에 띄는 랜드마크의 설계에서부터 가시적으로 건축물을 단순화하여 주변 환경에 적응시키려는 노력까지 다양한 전략들이 생겨날 수 있다.

지형
Topography

대지의 지형은 디자인을 그 풍경 속으로 어떻게 통합할 것인가를 결정한다. 대지가 완전한 평지인지, 경사지인지, 계단식인지, 층을 이루고 있는지, 혹은 구릉지와는 상관없이, 지형은 언제나 그 건축물에 영향을 줄 것이고 그에 따라 내·외부 공간 간의 상호관계들에도 영향을 미칠 것이다. 지형의 유형은 건축물 내부 바닥 배치에도 영향을 줄 수 있다. 〉 그림 10 참고 예를 들어, 주변지형의 고저차가 건축물 내부에 연속적으로 이어질 수 있고 공공 가로공간으로의 접근로를 활용하여 진입로를 배치할 수도 있다. 〉 '맥락 속에서 설계하기' 장의 '도시계획과 건축적 맥락' 참고 물론 디자인 상 필요하다면 그 대지를 조경 처리할 수도 있다. 일반적으로 건축물은 지형에 반응하도록 설계할 수 있으며 심지어 지형에 맞춰 재미있게 적응시킬 수도 있다. 그러나 건축가는 아러한 접근을 채택하지 않고 의도적으로 하나의 자족적인 유닛을 만들어 그것이 지형과 독립적으로 기능케 하고 주변 환경과 건축적인 개입을 분명히 구분하겠다는 결정을 할 수도 있다.

경사진 대지
Sloping sites

대지상에 한 층을 초과하는 단차가 있다면, 건축물의 내부구조가 그러한 지형적 상황에 어떻게 반응해야 할지, 그리고 내부 공간과 주변영역 간에 어떤 관계를 확립해야 할지를 고려해야 한다.

경사진 필지 상의 건축물은 경사지를 절토하여 배치할 수도 있고, 경사지로부터 떨어져 그 위에 배치할 수도 있으며, 층을 이루어 경사지에 반응하거나, 대

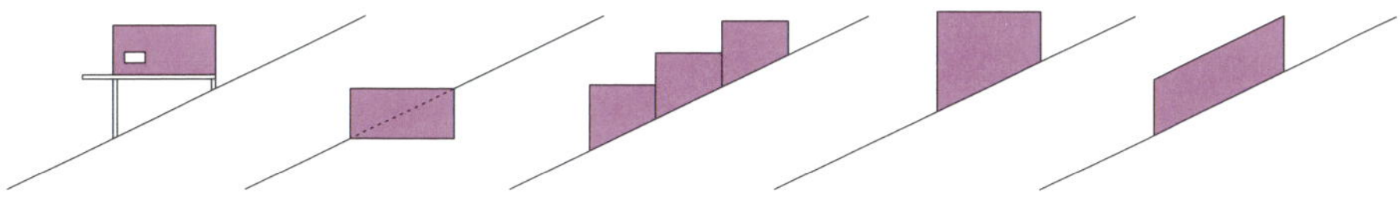

그림 10:
경사지에서의 건물유형

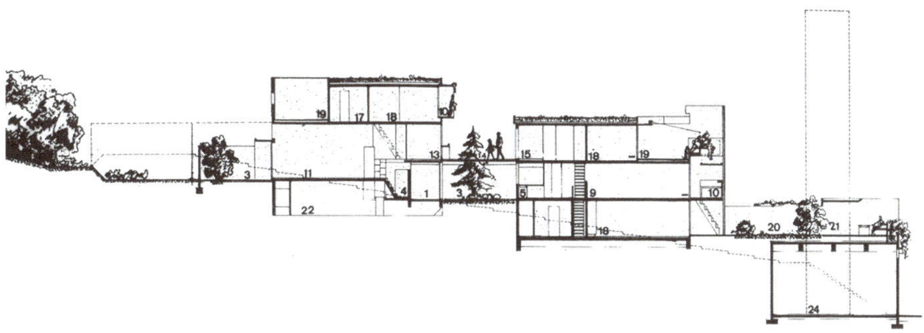

그림 11:
건축물 내부의 높이차

지의 경사를 조정할 수도 있다. 〉 그림 11 참고 이러한 다양한 형태들이 내부와 외부 공간 사이에 다양한 관계들을 일으킨다. 지형의 특별한 특징들, 특히 복잡한 지형의 대지일 경우 그 특징들이 종종 흥미를 자아내는 설계 아이디어에 영감을 준다. 〉 그림 12 참고 만약 대지와 주변 환경 사이의 시야가 탁 트여있다면, 나중에 건축물이 보일 각도와 더불어 풍경 속에서 흥미롭게 나타날 수 있는 시야의 연결 관계들까지 모두 결정해야 한다. 〉 '맥락 속에서 설계하기' 장의 '도시계획과 건축적 맥락' 참고

기후에 반응하는 건축
Climate-responsive architecture

대지의 지형 이외에도, 기후조건을 분석하면 설계의 발전 방법을 더욱 진전시킬 수 있다. 지역의 기후에 따라, 건축물의 향과 구성을 결정하는 데 있어 햇빛의 방향을 이용하는 것이 바람직할 것이다. 건축물을 양지바른 쪽으로 개방시켜 태양열을 내부로 들어오게 하고 이를 저장하거나, 반대로 태양광을 차단하여 건축물 내부에 열이 축적되는 막을 방지할 수도 있다.

그림 12:
설계의 기초가 되는 경관

뿐만 아니라 시공법 재료, 건축형태를 입지의 거시적이고 미시적인 기후조건에 맞게 조정할 수도 있다. 기온이 높은 지역에는 건물을 중량 구조로 시공하거나 지반에 정착시킴으로써 재료나 지반의 저장성능을 통한 냉각효과를 얻을 수 있다. 아니면 그 대신에 주풍향(※prevailing wind direction: 어떤 기간 내에 빈도가 가장 높은 풍향으로, 우세풍향이라고도 번역된다.)을 활용하여 맞통풍(cross-ventilation)을 촉진할 수도 있다. 반대로 온화한 기후영역에서는 투과열손실을 최소로 줄이고 파사드에 비춰지는 채광량이 최대가 되도록 건물의 체적에 대한 면적 비율을 최적화할 수 있다.

2.2 도시계획과 건축적 맥락

인공 환경, 즉 인간이 구축한 환경 속에서는 대개 자연적 요소들보다 인간적 요소들이 설계에 더 큰 영향을 미친다. 가능성 있는 설계의 접근방법을 발전시키기 위해서는 환경에 대한 상세한 스터디를 통해 인공적 요소들을 분석할 수 있다. 주변 영역에는 대개 인근의 건축물이나 가로, 수목 등이 있어서 준거점들을 형성한다. 또한 당해 대지상에서 디자인에 통합할 필요가 있는 부가적인 건축물들이 있을 수도 있다. 만약 대지에 건물들이 인접해있다면, 여러분이 계획하는 건축물을 그 건물들과 바로 나란히 세워도 되는지(혹은 그래야 하는지)의 여부를 분명히 할 필요도 있을 것이다. 건물들이 가로변에 접하여 조밀히 개발된 지역에서는 인접한 건물들의 형태를 채택할 것인지의 여부도 반드시 고려해야 한다. 여러분이 계획하는 건축물이 기존 건물들과 일렬을 이루며 들어서는 경우, 인근 건물들의 다양한 높이에 대하여 반응하여 이를 해석할 필요가 있을 것이다. 〉그림 13 참고
만약 건축물이 가로변에서 단독적인 구조물로서 들어서는 경우, 여러분은 기존의

그림 13:
건축물들의 지붕은 도시환경의 외관에 영향을 준다.

다양한 체계들을 채택할 수도 있고 그러한 체계들과 대비되는 요소를 제공할 수도 있다. 이러한 분석유형에서 전형적인 요인들은 다음과 같다.

_ 지붕유형

_ 건축물의 향

_ 가로와 건축물 간의 이격거리

_ 재료

_ 창문의 유형과 크기

기존건물들과의 상호작용
Interaction with existing buildings

차후에는 대부분의 건축과제들이 미개발필지상의 신축을 중심으로 하지는 않을 것이다. 심지어 지금도, 기존 건축물들을 어떻게 활용할 것인가에 대한 아이디어와 계획들을 요구하는 경우가 늘어나고 있는 중이다. 그러한 과제들은 여러분에게 새로운 것과 오래된 것에 대한 건축적 구분차이를 반영하는 전략들을 도출할 기회를 제공한다. 여러분은 기존의 구조물을 새롭게 활용할 수도 있고, 기존의 건축물을 현대적인 수요에 맞춰 개축하고, 변경하여 그것에 완전히 새로운 정체성을 부여할 수도 있다. 기존 건축물을 계속 유지보존할 수도 있지만 랜드마크 구조물이나 다용도로 활용되는 건물 등으로 개발할 수도 있고 심지어 건축물의 개별적인 요소들(파사드, 구조 등)을 추가할 수도 있다. 〉그림 14 참고 혹은 이와는 달리 건축물들을 리모델링하여 새로운 기능을 부여하는 데 비용이 너무 많이 소요될 경우, 기존 건축물을 완전히 철거할 수도 있다. 이와 같은 과정에서 중요한 것은 옛 건축물과 새 건축물이 서로 구분되는 두 요소로서 독립적으로 존재할 것인가, 아니면 하나의 건축적인 대화를 나눌 것인가에 대한 건축적인 개입의 목적이다. 건축가들은 개발의 균일성을 확장시키려 노력해야 하는가, 아니면 차이를 강조하는 특징적인 건축물을 위해 노력해야 하는가? 〉그림 15 참고 경제적 · 환경적 · 문화적

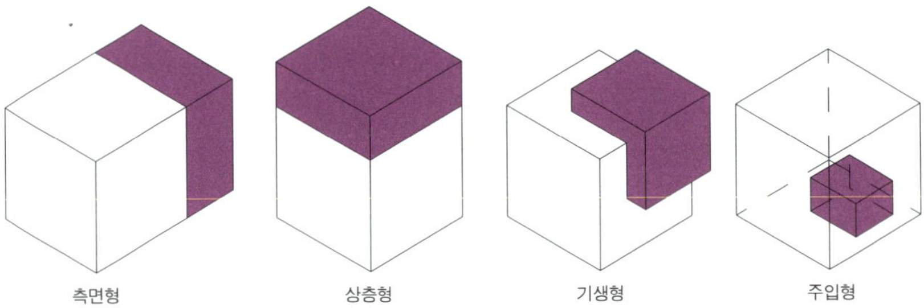

그림 14:
기존 건축물들에 가능한 증축

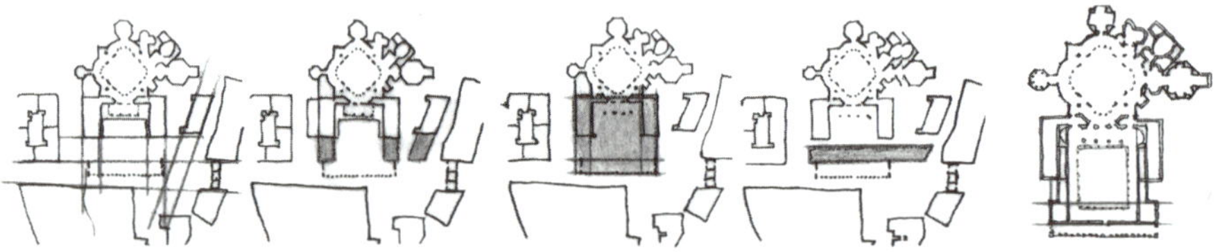

그림 15:
기존 단지구조의 활용을 분석한 스케치

관점에서 철거가 정당화될 수 있는지, 혹은 심지어 필요한 것인지를 타진하는 것은 항상 매우 중요하다. 〉 '맥락 속에서 설계하기' 장의 '사회적 요인과 사회문화적 요인' 참고

도시개발 요인
Urban development parameters

무질서한 성장과 역사적으로 전개되어온 건축물의 파괴를 막기 위해, 대부분의 국가에서는 부동산개발에 관해 다음과 같은 상세한 규정을 정해놓고 있다.

_ 건축면적이나 연면적에 관한 규정이나 구체적 세부사항
_ 대지 전면에서 이격되는 건축선, 즉 건물이 지어질 수 있는 경계선에 대한 규정
_ 층수
_ 지붕유형과 시공법에 대한 시방
_ 입구와 동선에 대한 규정
_ 다른 건물 및 대지 경계와의 이격거리
_ 수목의 보호 등

실제로 시공될 예정인 건축물을 설계한다면 이러한 규정들을 준수해야 한다. 게다가 프로젝트의 초기단계에 도시계획 조건들을 연구하여 작업하는 설계안

이 정말 지어질 수 있도록 확실히 할 필요가 있다. 그럼에도 불구하고, 규정들이 엄격하고 허용되는 자유가 거의 없을 경우에는 그러한 규정들을 숙지하는 것이 설계과정에서의 창의성을 방해할 위험이 있다. 중요한 것은 자유로운 아이디어들의 발상과 그것들의 실행가능성 사이에서 중간지대를 찾는 일이다. 이것이 여러분이 연구해야 할 세부사항과 반드시 취해야 할 분석의 심도를 결정할 것이다.

도시적 준거와 축
Urban references and axes

밀집되어 개발된 도시환경에서는 종종 그 도시의 전반적인 원칙으로서 대부분의 주변지역 설계를 결정한 준거점과 구조물들이 있다. 〉그림 16과 17 참고 도시계획 분석의 일부로서, 여러분이 설계할 건축물의 용도나 기능이 보다 폭넓은 도시구조와 인근 환경 속에서 맡게 될 역할과 중요성을 연구해야 한다. 또한 이러한 연구로부터 추가분석을 위한 출발점이 되는 기본적인 도시적 "형상들(figures)" ※ 게슈탈트 심리학(gestalt psychology)에서 말하는 형/형상(figure)은 분명치 않은 배경/바탕(ground) 위에서 분명한 윤곽을 가져 시각적으로 눈에 띄는 인지성을 확보하는 경우를 말한다. 이런 의미에서 figure-ground는 도(圖)-지(地)나 전경(前景)-배경(背景) 등으로 번역되곤 하며, 평면에서 figure는 흑색, background는 백색으로 표시하여 도시 분석을 하기도 한다. 을 도출할 수도 있다.

예를 들어 인근 건물들이 가로변으로부터 후퇴해있다면, 돌출하는 건축물을 설계하여 하나의 도시적 악센트를 만들어낼 수 있다. 혹은, 가로로부터 후퇴하는 건축물들을 설계함으로써 앞마당이나 중정 공간을 만들 수도 있다. 만약 주변영역에 위치한 수많은 건축물들의 축과 형태가 여러분의 디자인과 이미 대체적으

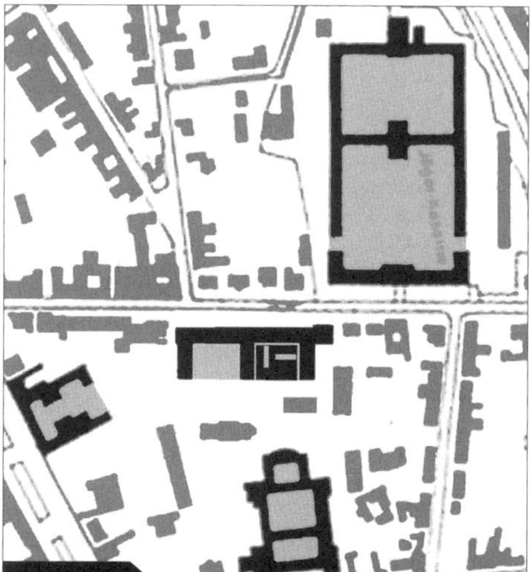

그림 16:
개발환경 내의 기본적인 도시적 "형상들"에 대한 분석

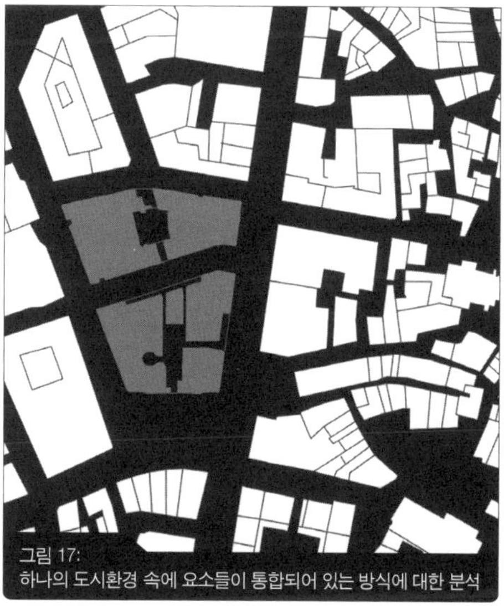

그림 17:
하나의 도시환경 속에 요소들이 통합되어 있는 방식에 대한 분석

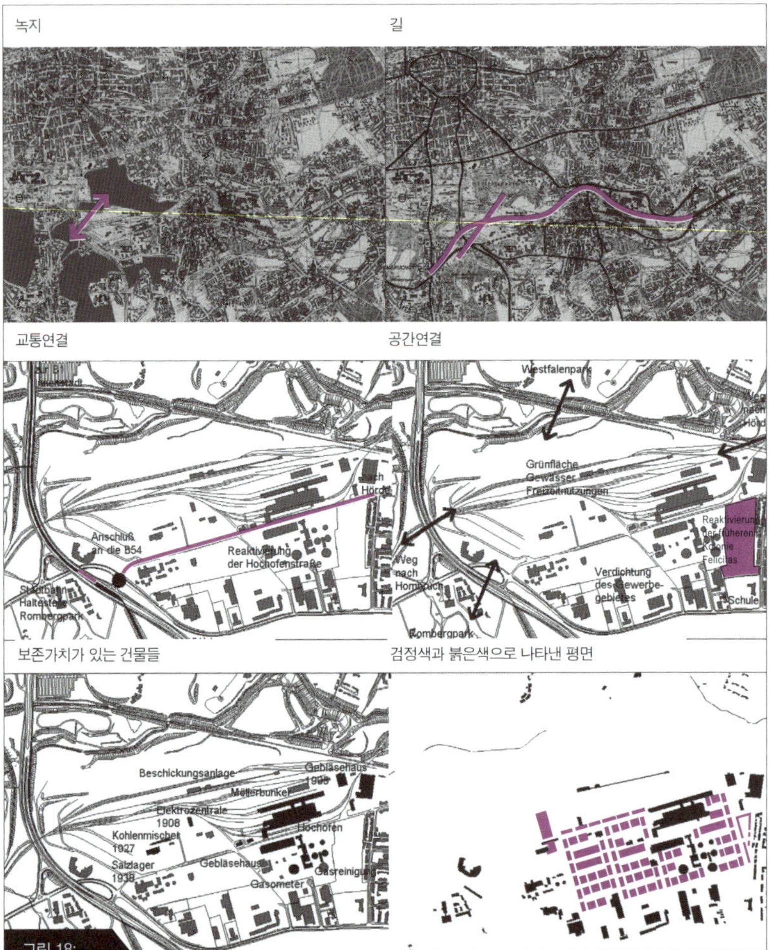

그림 18:
한 산업적 불모지의 재개발을 위한 분석

\\ Tip:

국지적인 조건들에 대한 연구 이외에도, 지역이나 도시의 지도, 혹은 지적도를 활용하여 다양한 분석을 실시할 수 있다. > 그림 18 주변 형태들을 검정색 박스로 나타내는 현황도는 도시의 건축물 네트워크와 개방공간들에 주목하게 할 것이며, 가로분석도(street map)들은 중요한 관계들을 드러낼 것이다. > 그림 19 참고

\\ 참고:

공공 광장 및 공간에 대한 설계와 유형학에 대한 더 많은 정보를 보려면, 카밀로 지테(Camillo Sitte)의 『예술적 원리에 의한 도시계획(City Planning According to Artistic Principles)』(Columbia University Press)을 참고할 것을 권한다.

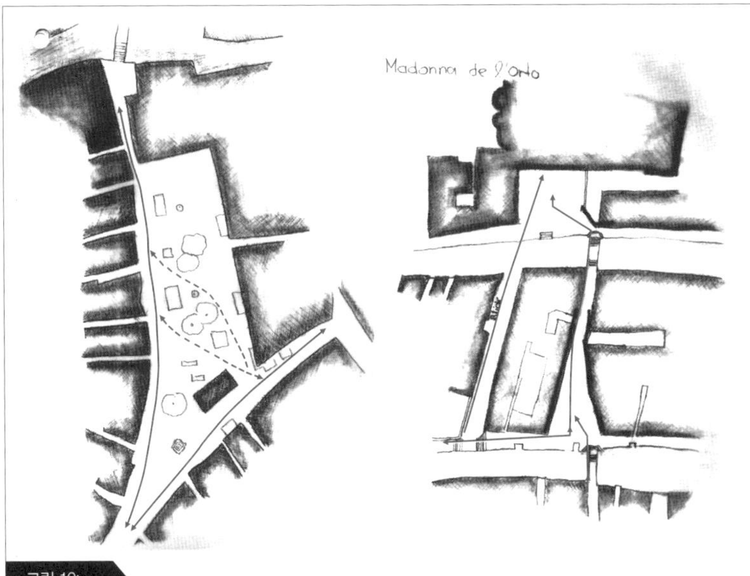

그림 19:
도시 광장에서 길이 맺는 관계에 대한 분석

로 일체화되고 있다면, 여러분이 계획하는 거눅물은 그 주변 환경에 잘 통합될 것이고 한층 억제된 도시계획의 해결책을 보여줄 것이다.

주변 영역에 따라, 중요한 준거점들이나 독립 구조물들이 치수관계와 축에 대한 기준을 제공할 수 있다. 즉 비대칭형의 광장은 다양한 각도를 끼고 있는 경계를 만들어내고, 대지 맞은편의 직교형 가로배치는 그 대지에 있는 건축물의 시야를 개방시킨다. 혹은, 도시 공간 내의 어떤 중요한 요소에 견줄 만한 요소를 만들 수도 있다. 설계를 통해 도시환경과 소통하는 방식은 다양하다.

대지와 건물에 대한 접근방법
Accessing the property and the building

일반적으로 여러분은 사람들이 어디서 어떻게 대지로 접근하는지를 이미 알고 있을 것이다. 대지는 가로변에 있을 수도 있고, 가로로 이어지는 길이나 통로가 있을 수도 있다. 기능적인 요구조건들과는 상관없이, 접근로를 통해 사용자와 방문자, 행인들이 그 건물을 지각하는 방식이 결정되기도 한다. › 그림 20 참고 고려해야 할 중요한 사항은 설계가 건축물에 접근하는 사람들에게 어떤 효과를 줄 것인가이다. › '맥락 속에서 설계하기' 장의 '사회적 요인과 사회문화적 요인' 참고

한 가지 중요한 요소는 가로와의 관계 속에서 건축물의 출입구 레벨이다. 출입구의 높이가 가로보다 낮으면, 그 입구까지 이어지는 경로는 중요성이 덜해 보일 것이다. 출입구의 높이가 훨씬 높을 경우, "장중한" 느낌이 나고 경외심을

그림 20:
다리를 통과하거나, 축을 이루는 계단과 주랑현관(portico)을 경유하는 진입

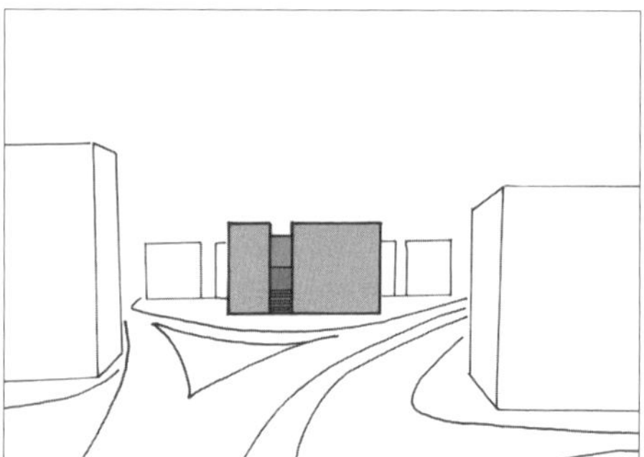

그림 21:
도시공간에서 독립적인 건축물이 갖는 효과

그림 22:
주거단지의 중정을 가로지르는 진입로에서 공적공간과 사적공간이 어우러진다.

불러일으킬 가능성이 더 높다. 반면 전면의 광장을 경유하여 건축물에 진입할 경우에는, 물론 더 인상적으로 보일 수는 있겠지만 그 진입로 때문에 거리감이 생길 것이다. 중정을 거치는 진입로는 공공 장소으로부터 주의를 전환시켜 건축물 앞에 하나의 공유영역을 만들어낸다. 〉 그림 21과 22 참고 또한 특히 공공건물의 경우는 휠체어 사용자들을 위해 접지층에 출입구를 두는 것도 고려해야 한다.

향 설정
Orientation

건축물의 향 설정은 건물의 3차원적 형상과 대지상의 위치, 그리고 그 진입로에 따라 고려해야 하는 또 하나의 요소다. 건축물은 폐쇄되고 견고한 인상을 줄 수도 있고, 사방으로 트인 투명한 인상을 줄 수도 있다. 〉 그림 23 참고 그러나 이러한 다양한 가능성들로 향을 설정하기에는 부족한데, 말하자면 그런 경우 사방으로

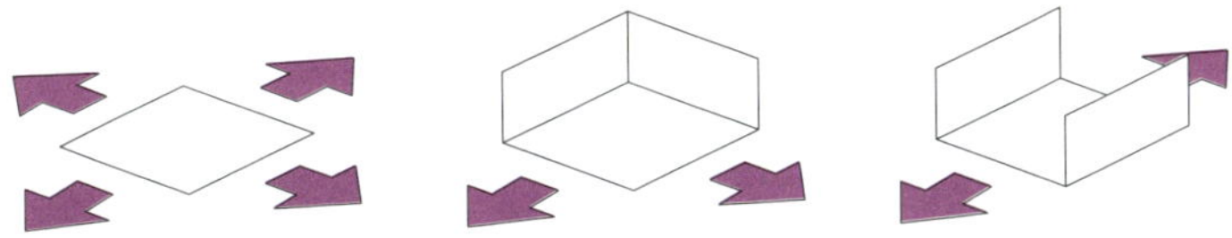

그림 23:
공간의 향 설정: (왼쪽부터) 사방으로 열려 있고 향이 설정되지 않음 / 인접한 두 변들로 향이 설정됨 / 마주보는 두 변들로 선형적인 향 설정이 이루어짐

그림 24:
내부공간과 채광 (계획) 모두에 대한 향을 설정한 결과, 개구부는 다양한 빛의 분위기를 만들어낸다.

동일한 인상을 주게 되는 된다는 점이다.

대지에 따라, 여러분은 건축물의 각 입면을 다르게 처리하고 싶어 할 수도 있을 것이다. 예를 들어 햇볕이 드는 방향으로 건축물의 향을 설정하고 싶어 할 수도 있고, 혹은 다양한 조명요건들을 활용하여 공간을 설계할 필요가 있을 수도 있다. 〉 그림 24, '맥락 속에서 설계하기' 장의 '풍경과 기후' 참고 온화한 기후영역에서는 햇볕이 드는 방향으로 생활공간의 향을 설정하는 것이 바람직하게 여겨지지만, 예술가의 작업실이나 박물관의 경우는 북쪽에서 오는 균일하고 분산적인 빛이 필요하기 때문에 오히려 불리한 결과가 될 수 있다.

건축물의 향에 영향을 미치는 다른 요인들을 그 건축적인 환경 속에서 찾을 수 있다. 건축물의 가로변이 시끄럽고 번잡할 경우, 주거와 여가를 위한 공간을 보호할 필요가 있을 수 있다. 건축물의 후면에서는 사용자들이 건물 내에서 경험하고 싶어 하는 공원이 내다보이는 열린 시야를 확보할 수 있다. 아마도 수많은 아파트들은 인근의 수로와 같은 특별한 풍경 요소를 이점으로 취해야 할 것이다. 〉 그

그림 25:
내륙의 항구에 위치한 주거단지의 향에 대한 분석

그림 26:
외부공간에 대한 조율된 조망

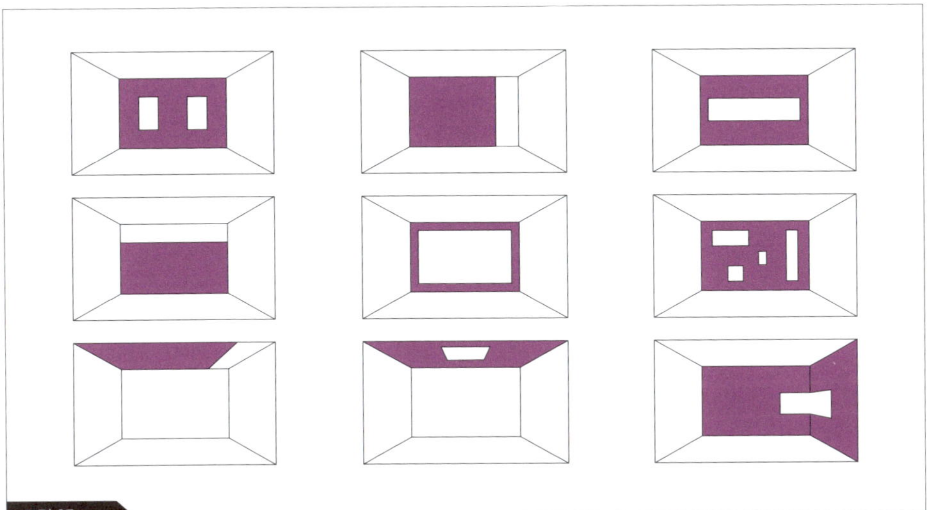

그림 27:
창문의 효과: 다양한 향, 구성, 소통관계, 그리고 다양한 프라이버시의 정도

림 25 참고 이러한 다양한 상황들로 인하여 건축물의 특수한 향이 요구될 수 있으며 입지와 관련된 접근을 통하여 설계를 더욱 발전시킬 수 있다. 예를 들어 폐쇄될 수밖에 없는 실에서 특별한 시야를 강조하기 위해 한 쪽 벽 전체를 유리로 처리한다든가, 일련의 작은 창문들을 통해 주위환경의 특정한 디테일들을 하나의 통합된 구성으로 보여줄 수 있을 것이다. 〉그림 26과 27 참고

내 · 외부 공간 간의 관계는 "폐쇄/내향형"에서 "개방/소통형"까지 다양한 건축적 원리의 발전으로 이어질 수 있다. 밀집한 도시환경에서는 표피가 유리로

그림 28:
외부공간을 교회의 공간으로 통합하여 효용화한 사례

그림 29:
유리로 된 표면은 (투명성을 통해) 상호소통을 강조할 수도, (반사를 통해) 닫힌 특성을 전달할 수도 있다.

이루어진 주택의 경우 프라이버시의 문제를 일으킬 수 있으므로 권고할 만한 것이 못되지만, 텅 빈 넓은 풍경 속에서 그 건축물이 최소의 건축적 개입으로서 주변지역과 대화하게 되는 조건이라면 좋은 아이디어일 수도 있다.

건축물과 주위환경 간의 상호작용
Interaction between buildings and their surroundings

건축물이 그 주위환경과 관계를 맺게 할 의도라면, 그 방식은 건축물을 외부에서 지각하는 방식이나 내 · 외부 공간 간의 상호소통에 기초할 수 있다. 예를 들어, 파노라마 창을 사용하여 골짜기의 아름다운 시야를 강조하거나, 세심하게 배치된 창문을 통해 흥미로운 시각 축을 건축물의 내부에 효과적인 요소로 전환할 수 있다. 눈에 띄는 수목을 중심으로 둘러싸듯 건축하게 되면 그 수목은 내부 공간의 일부가 될 수 있다. 〉 '맥락 속에서 설계하기' 장의 '풍경과 기후' 참고

개방된 공간과 폐쇄된 공간을 차별화하기 위해 벽에서 천장까지 이어지는 창문이나 건축물의 내 · 외부를 보여주는 구체적 시야를 활용하는 방법은 다양한 공간경험을 창출하는 중요한 설계 수단이다. 〉 그림 28과 29, '설계와 기능' 장의 '사용자 요구에 반응하기' 참고

건축물의 다양한 입면들, 그리고 그 내부를 관통하는 시야들도 역시 개념들을 창출하는 데 중요한 역할을 할 수 있다. 만약 시야에서 외부영역들이 차폐되지 않을 경우, 이로 인한 프라이버시의 결여는 건축물의 매력을 급감시킨다. 그러나, 차폐된 영역에서의 흥미로운 시야는 공간의 인상을 극적으로 바꿀 수 있다. 이 점은 사적인 외부공간을 건축물 속으로 통합하기 위해 내 · 외부 공간 간의 경계를 시각적으로 감추는 디자인들의 경우도 마찬가지다. 〉 그림 30과 31 참고

이러한 이유로 인해, 결코 건축물만을 따로 떼어 별개로 생각해서는 안 된다. 가능하다면, 대지와 건물, 그리고 그 용도 간의 상호작용을 살펴봐야 한다. 설계는 인근 건물에 의한 그림자, 하루 중 시시각각 (그리고 계절마다) 변하는 일광, 건축물의 내 · 외부를 향한 특정 시야들의 제공이나 차단 등 많은 입지관련 요소들의 영향을 받는다. 이와 같은 다양한 측면들은 보면 설계가 언제나 그 입지와 다양한 건축적 요구조건들 간의 상호작용을 통해 일어남을 알 수 있다.

그림 30:
외부공간으로 물 흐르듯 전이되는 내부공간

그림 31:
시야를 갖춘 채 차폐된 외부공간

2.3 사회적 요인과 사회문화적 요인

앞 장들에서는 사람들이 건축을 지각하는 방식에 영향을 주는 많은 요인들을 다루었다. 이러한 연관성 속에서, 중요한 것은 건축이 감각을 통해 지각되는 방식과 인간의 뇌 속에서 그 인상들이 처리되는 방식을 구분하는 일이다. 감각적인 지각은 언제나 똑같이 남는다 할지라도, 정보는 개인마다 상이한 사고패턴으로 인하여 다양한 방식으로 처리되며, 이러한 사고패턴들은 다시 개인의 경험과 사회문화적 맥락들로부터 강하게 영향을 받는다. 이러한 이유로 사람들은 어떤 사건이나 건물을 다르게 지각할 것이다. 일반적으로 지각은 객관화가 불가능하다. 물론 대다수의 의견들을 결합하면 어떤 '객관화된 주관성'이 생겨나겠지만 말이다. 이러한 주관성은 대체로 하나의 좁은 사회적, 역사적, 문화적 틀로 국한되는데, 사람들은 대체로 어떻게 교육받느냐에 따라 사회화되고 영향을 받기 때문이다. 한 설계과제의 역사적, 사회적, 문화적 배경들을 살펴보면 종종 중요한 통찰력이 얻어지며 아이디어 창출을 위한 영감의 원천을 얻을 수 있다.

역사적 요인
Historical factors

입지에 대한 연구는 인접환경에 대한 조사에만 국한되어서는 안 된다. 모든 건축 프로젝트는 한 장소의 역사에 대한 반응이며 장소의 미래를 계획하는 것이다. 그 환경에 사는 이들이 보기에, 설계를 하고 기존 상황을 수정하는 일은 불가피하게 어떤 지속적인 과정의 일부로서 지각되는 개입이다. 건축물들은 특정한 목적을 위해 지어지고 사용된다. 그 연후에 새로운 방식으로 사용되거나, 리모델링되거나, 증축되거나, 해체되거나, 개축되거나, 재활용될 수 있다. 때로는 빈 건물로 남거나 황폐화될 수도 있다. › 그림 32 참고 이러한 건축물들이 나중에 보다 폭넓은 역사의 일부로서 책 속에 기록되건, 사람들이 특정한 장소를 연상하는 보다 개인적인 이야기 속에 기록되건 간에, 그 건축물의 용도는 종종 사회적인 의미를 띤다. 한 장소의 역사를 말해주는 준거자료를 만들려는 노력들이 설계 아이디어를 발전시키는 다양한 접근법들로 이어질 수 있다. 공통의 기억들, 즉 한 사회 전체의 기억에 남아 있는 인상들을 나타낼 수도 있고, 건축주나 이전에 그 대지를 사용했던 이들의 전적으로 개인적인 이야기들을 나타낼 수도 있다. › 그림 33 참고 비슷한 방식으로, 초기 아이디어 속에 여러분만의 경험들을 결합하여 어떤 주제에 대한 개인적인 접근법을 얻을 수도 있다.

그 준거체계가 건축과제의 의의를 확실히 반영토록 하는 것이 중요하다. 예를 들어 과제가 박물관이나 기념비적 대지에 대한 설계처럼 사회적인 의미를 갖는다면, 역사적인 사건들과의 연계에 초점을 맞추라고 조언할 수 있으며 심지어 필수적이라고도 할 수 있을 것이다. 그러나 설계의 대상이 주거건물이거나 쇼핑센

그림 32:
유리로 중축된 홀이 폐허가 된 오래 된 성을 새 용도로 만들어낸다.

그림 33:
신축 문화시설과 로마신전 간의 도시적 대화

그림 34:
공적영역과 공유영역을 활용하는 주민들

터일 경우, 역사적 준거요소가 그 맥락에 적절한지의 여부를 주의 깊게 고려해야 한다.

사회문화적 맥락
The socio-cultural context

만약 여러분의 설계 아이디어가 사회적 개발에 대한 반응일 경우, 무엇보다 중요한 사회적 맥락이나 특정 현상들로부터 기초적인 접근을 이끌어낼 수 있다. 예를 들어 하나의 주거단지를 개념화할 때, 대지를 가로지르며 이어지는 공공 통로들을 만들거나 공공시설들을 집약시켜 점차 늘어나는 공공장소의 사유화를 막는 시도를 할 수 있다. 〉 그림 34 참고 게다가, 건축물의 모든 출입구를 사용가능한 배리어프리(barrier-free): ※ '장벽/장애가 없는' 이라는 뜻이다. 배리어프리 설계의 예로는 계단 대신 경사로를 설치하거나 각 실로 들어가는 문턱을 없애 휠체어의 진입을 쉽게 하는 경우가 있을 수 있으며, 이러한 개념은 '누구나 보편적으로 사용할 수 있는 디자인' 이라는 유니버설 디자인(universal design) 개념의 일부로 이해하는 것이 옳다. 설계로 하면 도시개발과 건물 진입에 모두 영향을 줄 수 있다.

사회문화적 분석의 한 가지 흥미로운 측면은 그것이 여러분 자신만의 관점과 철학을 표현할 기회를 준다는 점이다. 예를 들면 다음과 같은 질문들에 대해서다. 고령자, 혹은 다양한 민족적 배경을 가진 이들을 사회에 통합하려면 어떤 용도들을 혼합할 필요가 있는가? 우리의 공동생활에서는 얼마나 많은 공동체와 얼마나 많은 개성이 가능하고 또 필요한가? 환경적이고 기후적인 보호는 어떤 역할을 수행하고, 그 중요성이 설계 개념 속에는 어떻게 반영될 수 있는가? 상호 역효과들을 피하고 무절제한 경관개발의 악화를 막고 싶다면 개발밀도를 얼마나 제한해야 하는가?

어떤 접근을 선택하든, 중요한 것은 초기의 건축적 대책을 보다 넓은 맥락과 가치체계로 연결시키는 일이다. 이렇게 하면 여러분만의 관점을 개발하는 것에 도움이 될 것이다.

지역주의 건축
Regional architecture

시간이 지나면서 종종 제한적으로 이용 가능한 재료들, 그리고 특정 용도나 실용적인 형식들뿐만 아니라 다양한 기후적, 문화적, 사회적 조건들로부터 다양한 지역주의 건축의 형식과 유형들이 발전했다. 〉 그림 35, '맥락 속에서 설계하기' 장의 '풍경과 기후' 참고

종종 이러한 건축 유형들은 다양한 수요에 대해 놀랍게도 간결한 해결책들을 제공한다. 지역주의 건축의 대한 조사와 분석은 건축, 건축적 · 사회적 맥락들간의 복잡한 상호관계들에 대한 놀랍고 새로운 통찰로 이어질 때가 종종 있을 수 있다. 중요한 것은 건축의 기능과 주위환경, 그리고 건축된 시기를 배제한 채 건축을 고립적으로 보지 않는 것이다.

국제화/국제주의
Internationalization

일반적으로, 우리는 현대적 조건들을 많은 건축형식들이 발전해온 과거의 조건들과 비교할 수는 없다. 우리는 까다로운 기후조건을 비롯하여 난관에 대처할 수 있는 방법과 재료들에 많이 숙달되어 있다. 용도와 요구조건들도 역시 극적

그림 35:
지중해 문화에서의 지역주의 건축

으로 변화해왔다. 계속적인 국제화 과정의 결과로서, 과거에 비해 오늘날은 장소들과 도시들 간의 차이들이 덜 두드러져 보인다. 재료와 건축형식들이 점점 비슷해졌을 뿐만 아니라, 우리의 습관과 행동까지도 다른 국가와 문화를 알아가면서 서로 더욱 더 비슷해졌다.

주위환경과 생생하게 대화하는 지속가능한 건축을 발전시키려면, 지역주의 건축과 지역건축의 차이들을 숙지하고 반응해야 한다.(※ '지역주의 건축(Regional Architecture/Regionalism)과 국제주의 건축(Internationalization)' 'Global에 대응되는 Local'을 상호 구분할 필요가 있다.)전통적인 건축의 형식과 유형들은 신축 건축물이 그 환경 속에서 보이는 방식에 강력한 영향을 주기 때문에 이러한 과정에서 주요한 역할을 한다. 예를 들어, 독일 북부나 네덜란드에 세워진 신축 조적식 건축물은 지역적인 건축의 전통들로 인해 그 주위환경에 자연스럽게 어울리면서 전통적인 건물의 모습을 지니게 될 것이다. 같은 구조물이 단색 입면의 건축물들 일색인 이탈리아 남부의 한 도시에 있다면 어울리지 않은 상태로 몹시 두드러져 보일 것이다. 지중해 지역권에서 풍부한 대비와 따뜻함으로 특징되는 빛의 다양한 분위기는 3차원 형상의 파사드를 가진 단순한 구조물들을 가령 빛의 대비가 낮은 모스크바의 유사 건축물보다 훨씬 더 역동적으로 보이게 한다. 현대적인 건축형식들은 무작위로 상호교체하거나 복제할 수 없으며, 언뜻 보기보다 어떠한 한 장소에 더욱 밀접하게 얽혀있다.

상징론과 도상학
Symbolism and iconography

건축은 정보를 전한다. 이 정보는 모두에게 완전히 명백하게 인식될 수도 있고, 시야에서 숨겨진 채 관찰자에게만 점진적으로 드러날 수도 있다. 건축사의 모든 시기에서, 사람들은 건축이 어떻게 정보를 전달하는지, 그리고 이러한 정보가 건축물의 목적과 용도와는 어떻게 관계되는지를 논해왔다.

두 가지의 상반되는 입장이 형성될 수 있는데, 하나는 구조적 정직성의 원리를 따라 내용과 형태의 통일을 추구하는 쪽이고, 다른 입장은 목적과 기능성과는 별개로 건축이 수행하는 의미전달과 정체성형성의 역할을 강조하는 쪽이다. 후자의 입장은 개별적인 건축적 모티프에 대한 상징론과 도상학을 통해 이러한 개념을 정당화한다.

절충주의와 포스트모더니즘에서는, 건축적인 준거와 모티프를 활용하여 관찰자들에게서 연상을 촉발하고 특수한 효과를 성취한다. 예를 들어, 어떤 건물이 그리스 신전의 형태어휘나 근대건축의 상징들을 통합하면 보다 인상적으로 보일 수 있다. 이 때 그 디자인을 통해 관찰자들은 건축물의 목적과 기능, 그리고 건축주에 대한 결론을 도출할 수 있을 것이다. 이러한 가정들이 사실인지의 여부는 중요하지 않다. 외피와 기능이 하나의 창조적인 통일체를 형성하는 것은 아니다.

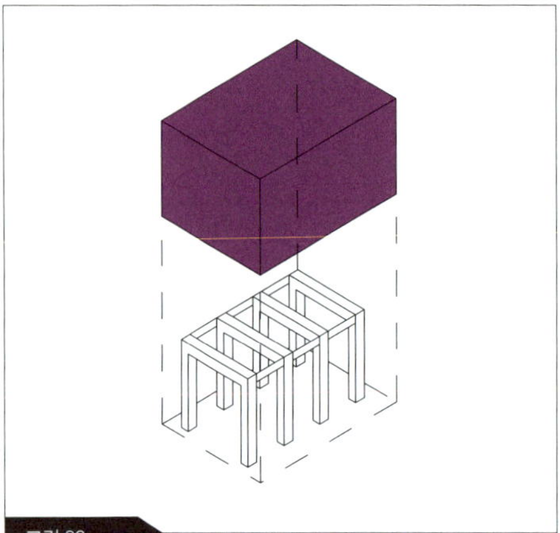

그림 36:
구조를 외피로부터 분리하는 원리

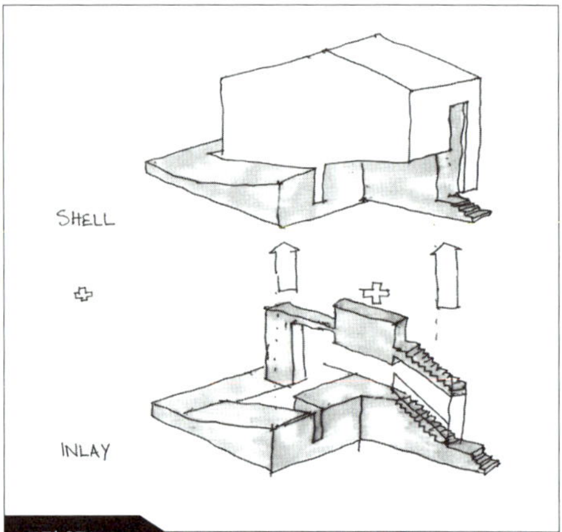

그림 37:
외피를 구조로부터 분리하는 원리를 보여주는 주거건물

오히려 이러한 방식으로 설계하는 건축가들은 외피를 분리하여 독립적인 척도를 부여함으로써 의미를 담아내는 외피의 역할을 강조하고자 노력한다. 〉 그림 36과 37 참고

한편 건축가들은 형태적 준거 이외에도 주제가 유사한 상징적 준거를 만들 수도 있다. 예를 들어, 르네상스 시기에는 고대에 널리 보급되었던 인간의 가치와 관점으로 돌아가려는 움직임이 있었다. 건축과 예술에서 이러한 움직임은 고대의 건축물과 원리, 주제들에 대한 새로운 해석으로 표현되었다. 그럼에도 불구하고, 개인적이거나 전문적인 관점에서 논리적으로 보이는 메시지를 다른 이들은 완전히 다르게 해석할 수도 있다는 점에 반드시 주목해야 한다. 이러한 이유 때문에 상징론과 도상학과 같은 양식적 장치들을 사용하기에 앞서 문화적이고 사회적인 맥락을 반드시 분석해야 하는 것이다. 〉 '설계의 구성요소' 장 참고

\\ 참고:

상징은 의미를 전달하며, 내용 · 의미 · 형태를 통합하는 방식 속에 그 가치가 있다. 상징은 어떤 대상의 외적 · 내적 통일성을 유지하면서 그것을 재현한다. 반면, 건축가들은 어떤 모티프들을 "인용"할 때 내용과 형태의 일치를 목적으로 하지는 않는다.

\\ Tip:

건축적 상징론은 매우 흥미롭고 복잡한 주제다. 보다 심도 있는 연구로는, 로버트 벤추리와 데니스 스콧 브라운의 『라스베가스의 교훈(Learning from Las Vegas)』(MIT Press, 1977)을 추천한다.

다른 분야들과의 연계
Links to other disciplines

건축과 다른 예술분야들 간의 관계와 상호작용은 예술 및 건축 역사의 다양한 시기들을 살펴보면 가장 잘 이해할 수 있는데, 예술과 건축이 어떤 주어진 시기에 언제나 같은 원리와 방법들을 적용하는 것이 아님을 기억할 필요가 있다. 가장 중요한 차이 가운데 하나가 건축은 건축이라는 예술적 열망과는 별개로 모든 사람들은 생활하고, 일하고, 잠을 자고, 궂은 날씨로부터 보호받을 장소가 필요하다는 기초적 요구를 반드시 만족시켜야 한다는 점이다. 물론 이러한 특별한 기능들이 타 예술과 관련하여 건축에 특별한 지위를 부여하긴 하지만, 새로운 설계 아이디어 창출을 위해 기초 역할을 할 수 있는 타 분야와의 관련성은 다음 사례와 같이 있다.

예술과 건축이 밀접한 관계가 있었던 시기들은 한 분야에서 다른 분야로 어떤 원리들이 전해질 수 있는지를 가장 분명하게 보여준다. 르네상스 시기에는 회화에서 입체감을 내기 위해 원근법으로 표현한 것과 건축에서 투시도를 선택한 것 간에 상당한 유사성이 있었다. 바우하우스의 목적은 건축을 하나의 통합예술로 보고 다른 모든 예술 원리들과 결합하려는 것이었다. 도상학과 정체성형성을 비롯한 포스트모더니즘의 형식적 주제들은 건축에서 가장 분명하게 드러난다. 현대 예술에서도 수많은 유사점들이 존재한다.

리처드 세라는 부식철판으로 만든, 진입이 가능한 그의 공간조각 작품들을 통해 그 재료가 노화하는 과정을 보여주는 방식으로 재료의 성격을 탐구한다. 그는 100톤 이상 나가는 많은 조각들로 그 재료의 무거움도 강조한다. 〉그림 38 참고 이러한 조각들의 강력한 공간적 · 분위기적 효과들은 그것들이 처음에 공공장소에

\\ 참고:
예술은 일반적으로 다음과 같은 네 가지의 범주로 나뉜다.
시각예술(The visual arts): 회화, 조각, 건축, 장식예술 등.
공연예술(The performing arts): 주요 분야는 연기(연극, 영화)와 무용임.
음악(Music): 크게 성악과 기악으로 분류.
문학(Literature): 서사산문과 희곡, 시로 분류.
시각예술 작품들은 대개 그 자체로 하나의 효과를 갖는 공간적이고 물리적인 오브제들이며 해석자를 필요로 하지 않는다.

\\ 참고:
그 공간적이고 물리적인 효과의 측면에서 야외조각은 건축과 유사한 점이 많다. 어떤 오브제와 그 주위 환경 간의 흥미로운 상호작용은 공간지각을 훈련하는 데 활용할 수 있다. 그러한 예술작품들이 어떤 특수한 장소를 위해 만들어졌을 때에 유사점들은 특히 강력해진다.

그림 38:
리처드 세라의 조각작품

서 일으키는 불안감 속에 반영된다. 건축에서는 다른 누구보다도 피터 아이젠만이 유사한 접근을 취했는데, 특히 그가 베를린에 설계한 홀로코스트 기념관 설계가 그 예다.

그렇다 하더라도, 대부분의 예술작품들은 관찰만으로 이해할 수 없다. 예술가들이 쓴 글과 그들의 작품을 논하는 다른 문헌 및 그들의 생애정보를 읽어보는 것도 중요하다. 대부분의 예술가들은 자신의 작업방식과 동기에 대해 광범위하게 글을 써왔다. 다른 예술 원리들로부터 작업 및 설계 방법들을 경험하고 시도해본다면 매우 보람이 있을 것이다. 회화와 조각, 사진, 음악, 기타 예술 형식들의 다양한 기법들을 살펴봄으로써, 자신만의 건축 작품을 위한 영감을 찾을 수 있다.

3. 설계와 기능

건축물의 기능은 대개 그 건축물의 설계와 설계의 발전방식 양자 모두에 유익한 효과가 있다. 여러분의 접근방식에 따라, 기능은 여러분이 반드시 고수해야 할 일반적 틀을 제공할 수도, 설계 아이디어를 위한 출발점을 형성할 수도 있다. 많은 건축가들은 어떤 요구조건들과 기능들을 충족하는 평면이나 공간구조를 설계하면서 건축계획을 발전시킨다. 건축가들은 자신의 창조적 기술과 경험을 기초로 단순한 기능성을 뛰어넘어 형태와 기능의 일치를 지향하는 특수한 표현양식과 형태어휘를 도출한다.

설계를 위한 출발점으로서의 기능
Function as the point of departure for a design

근대 이후로 기능을 설계에 대한 기준으로 활용하는 것이 일반화되었고, 기능은 건축 스터디 단계에서 특별한 중요성을 담당해오기도 했다. 기능을 반영하고 시각적으로 표현하는 디자인을 만드는 일은 건축의 기본목표 중 하나다.

아래에서 기술하는 단계들은 학생들이 기능을 이해하고 기능을 자신의 설계에 통합하는 것을 돕기 위한 도구 및 가능한 접근방법들이다. 원칙적으로 이러한 단계들은 하나의 "기능하는" 설계를 만드는 데 필요하지는 않지만 다음과 같은 수단들을 사용하라고 권고할 수 있는 것은 특히 여러분이 그 문제의 기능에 대해 자세히 모를 때이다. '수단(tool)' 라고 말하는 이유도 이러한 보조수단들이 설계 작업의 중심에 있지 않다는 점을 강조하기 위해서다. 하나의 기능 다이어그램 속에 상호 의존성을 명확히 도해하는 것은 여러분이 이미 그것들의 복잡성을 완전히 파악하고 있음을 전제로 한다. 그것들을 이해하는 한 가지 방법은 전형적인 공간적 요구들이나 기능적 연관성들에 관한 정보가 담긴 책들을 읽어보는 것이다. 〉 '부록'의 '참고문헌' 참고 또한, 동일하거나 유사한 용도를 가진 기존 건축물들을 분석할 수도 있다. 몇 가지 사례 건축물의 설계도면을 자세히 살펴보면 개별 영역들의 배치와 규모, 구조와 관련하여 유사점과 공통적인 규칙들이 드러날 것이다. 이러한 점들을 여러분의 설계에 반영할 수 있다.

3.1 사용자 요구에 반응하기

건축물의 기능에 주목할 때는 그 형식이 주택인지, 직장인지, 아니면 여가인지 등 그것을 필요로 하는 사람들에 대해서도 논해야 한다. 사용자들이 건축물 안에서 그 기능을 어떻게 행하고 있는지, 혹은 어떻게 경험하고 싶어 하는지를 분석하는 것이 중요하다. 예를 들어 영화관을 설계할 경우, 우리는 사람들이 이와 같은 건축물을 통해 어떤 특별한 경험의 세계를 기대한다는 것을 알 수 있다. 사람들은 즐거워지기를 원하며 아마도 짧은 시간동안 또 다른 세계에 푹 빠져 일상생활을 잊을 수 있길 바랄 것이다. 여러분의 설계는 이러한 기대들을 반영해야 한다. 반면, 사무공간을 설계할 경우에는 근무자들이 업무 중에 집중할 수 있고 방해받지 않게 설계해야 한다. 조명과 환기, 음향, 근무공간의 디자인에 관한 그들의 기대를 충족시킬 필요가 있다.

사용자들의 요구를 연구하는 방식은 여러 가지다. 한편으로는 여러분이 설계하는 건축물을 사용할 사람을 개인적으로 알고 있을 수도 있고, 다른 한편으로는 설계 과제의 초점이 실제적인 한 사람이 아닌 어떤 특수한 대상 집단(예: 공동주택에 사는 고령자들)에 맞춰질 수도 있다.

개인적 요구사항
Individual needs

사용자를 알고 있는 경우라면, 여러분은 그의 개인적인 흥미와 요구사항을 알아볼 수 있다. 예를 들어 어떤 한 예술가를 위한 집 한 채와 스튜디오 한 채를 건축하는 것이 과제라면, 그 예술가와 이야기를 나누어보고 그의 작업방식을 관찰해보면서 요건과 요구사항을 간파할 수 있다. 아마도 그 예술가는 조용하고 빛이 균일하게 드는 차폐된 스튜디오 공간을 원하거나, 경치 좋은 시야를 즐기고 싶다거나, 대도시의 활기를 누리고 싶다거나 할 것이다.

대상 집단에 집중하기
Focusing on a target group

특수한 한 대상 집단을 위한 건축물을 설계할 때는 상황이 완전히 다를 것이다. 이 경우에는 먼저 그 집단의 일반적 요구조건들에 대한 개념부터 반드시 얻어야 한다. 여기서 도움이 될 수 있는 것은 해당지역에 먼저 지어진 건축물들이 취한 해결책들을 살펴봄으로써 그 대상 집단이 원하는 요구사항에 대해 더 많이 알아보거나, 같은 기능을 가진 프로젝트 사례들이 맞닥뜨렸던 기존의 문제들을 분석해보는 것이다. 그 다음에 이러한 문제들을 설계에 반영할 수 있다. 〉 '아이디어에 도달하기' 장 참고

사용자들과의 접촉
Contact with users

대부분의 경우, 사용자들을 직접 만나 다양한 유형의 사용자들과 아이디어를 공유함으로써 그들의 요구사항을 조사할 수 있다. (예를 들어 특수한 생산 장소나 소방서 등에서의) 내부 사정들을 "외부"에서만 이해하고 끝내려 하는 유혹을 이겨야 한다. 여러분이 해당 건축물의 기능에 대한 지식이 거의 없을 경우에 이 점이 특히 중요하다. 어떤 건축물의 기능을 매일 직접 접하는 사람들도 그 상황에 대해 서로 다른 관점을 갖고 있을 것이며, 기능적인 과정들을 공간설계에 적용하기 위해 협업할 때 그들의 관점을 고려하는 것이 중요하다. 한 조직에서 모든 직원들이나 사용자들과 집중적으로 아이디어를 교환하는 것이 분석의 과정과 구조, 그리고 무엇보다도 기존 건물에서 일어나는 문제들을 분석하는 데 도움을 줄 것이다. 그렇다고 해도 사용자들로부터만 얻은 정보는 설계에 제한적으로 사용되는

데, 그들에게 설계에 대한 건축가적인 배경지식은 없기 때문이다. 이러한 이유로 인해, 활용 개념과 세부 계획에 관해 함께 작업하는 것이야말로 최종 디테일까지 제대로 기능하는 건축물을 설계하기 위한 이상적인 방법이다.

3.2 공간배분계획과 내부구성

공간의 요구조건들은 대개 확정적인 건설 프로젝트에 대해 주어진다. 예를 들어 어떤 가족은 그들이 계획하고 싶어 하는 집에 대한 구체적인 아이디어를 갖고 있을 것이고, 회사의 경우 직원수 만큼의 업무공간을 필요로 할 것이며, 박물관이라면 특정 전시를 위한 전시공간을 필요로 할 것이다. 이러한 요구들로부터 필요한 공간과 체적을 도출할 수 있고, 이로부터 프로젝트의 규모와 치수들에 대한 초기 아이디어를 얻을 수 있다.

공간과 체적
Space and volume

아파트와 업무공간처럼 표준화된 용도인 경우, 필요한 층별 바닥면적에 건축물의 구조부와 부차적인 실들이 차지하는 면적을 백분율로 나타내고 그 결과 값에 표준적인 천장높이를 곱하여 개략적인 건축물의 체적을 산출할 수 있다.

실내 수영장과 박물관, 이벤트 홀과 같은 건축물들은 대개 다양한 실들을 포함하며, 그 중 일부는 공간과 실 높이에 대한 요구조건들이 완전히 다르다. 따라서 구체적인 요구조건들을 다루기 위해 각 영역을 별도로 살펴보고 독창적인 디자인 과정 속에서 특별한 특징들을 설계하는 것이 중요하다. 실내 수영장은 전체 건축물에서 주된 부분일 수 있으므로, 실내수영장의 부속 기능들은 그 건축구조에 포함시킬 수도, 다른 별동의 시설에 배치시킬 수도 있다.

이와 같은 방식으로 설계하려고 할 경우, 건축물을 만들기 위한 대략적인 시도들을 실제적인 설계로 보지 않는 것이 중요하다. 그렇지 않으면 그 대략적인

\\ 사례

한 가족이 약 120㎡의 생활공간을 필요로 한다고 해보자. 총면적을 계산하기 위해, 벽과 샤프트가 차지하는 공간을 20~25%만큼 추가한다. 이렇게 구한 총 면적에 한 층의 층고인 3m를 곱하면 대략 450㎥의 체적이 산출된다. 만약 여러분이 2층의 정육면체로 설계한다면, 가로, 세로, 높이가 모두 약 8m가 될 것이다. 이와 같은 암산을 연습하면 건축물의 규모에 대한 감각을 얻을 수 있다.

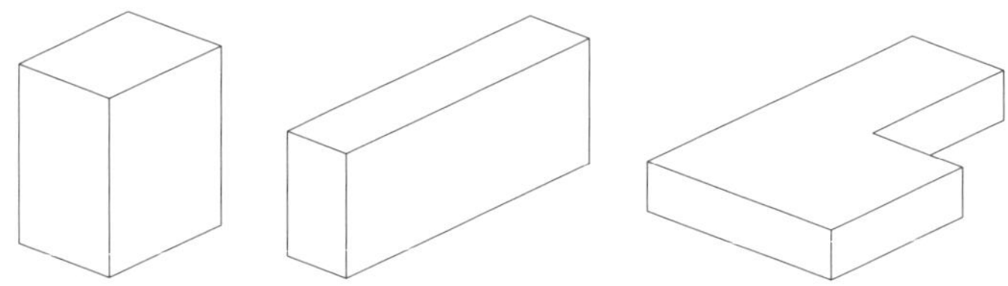

그림 39:
동일한 체적이 콤팩트한 타워형, 장방형의 건물, 마당이 있는 L형의 건물로도 가능하다.

표 1:
공간배분계획 사례

컨설팅 센터

기능	실 규모[m^2]	개수	총 면적 [m^2]
응접공간/보조공간	40	1	40
대기실	40	1	40
보좌관실	12	2	24
센터장실	40	1	40
사무실	20	1	20
부장실	25	2	50
상담실	25	17	425
회의실	30	1	30
임원실	20	1	20
화장실	40	1	40
부속공간		15%	109
총합		28	838

형태를 어떤 정해진 것으로 받아들인 채 좀 더 심도 있는 설계를 탐색하지 못할 위험을 무릅쓰는 것이다. 언제나 명심해야 할 것은 그 건축물이 하나의 추상적인 형상일 뿐이며 그 형태는 원하는 대로 더 수정될 수 있다는 점이다. 〉 그림 39 참고

공간과 체적에 대한 대략적인 산출 이외에도, 개별적인 기능들이나 실들, 그리고 이들의 공간적 요구조건들을 명시할 뿐만 아니라 실들을 주제적으로 관계된 그룹으로도 나누는 공간배분계획이 중요하다. 〉 표 1 참고

공간배분계획
Spatial allocation plan

많은 경우, 설계과제들은 공간배분계획을 미리 제공한다. 그러한 과제일지라도, 때로는 그 공간배분계획과 함께 적절한 기능을 발전시킬 것을 요구하기도 한다. 특히 실무건축가들은 건물의 주 기능을 분명히 알면서도 어떤 추가 공간과 부속 기능들이 필요한지는 모르는 건축주들을 종종 만난다.

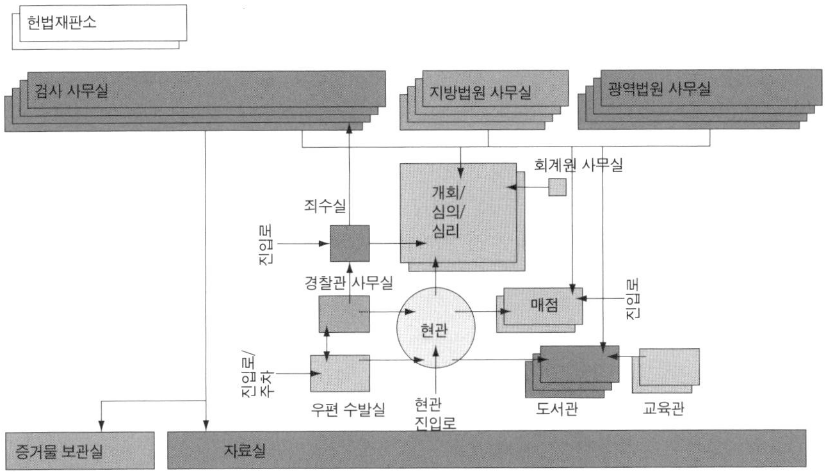

그림 40:
규모 구성 차트의 사례

따라서 여러분이 해야 할 첫 번째 임무는 용도상의 주요영역들 뿐만 아니라 로비와 화장실, 출입구, 복도처럼 필요한 부속 영역들을 결정하는 일이다. 또한 전체적인 설계 과제에 대한 개요를 얻고자 한다면, 각 영역의 공간 수요들을 파악할 필요가 있다.

예를 들어 어떤 회사가 500명의 직원들을 위한 업무공간을 만들고 싶어 한다면, 여러분은 직원 각자가 필요로 하는 공간의 양 뿐만 아니라 직원들에게 필요한 업무공간의 유형(개실형, 개방형)을 결정해야 한다. 공간 수요에 대한 전체적인 인상을 얻으려면 부속 기능들과 진입로들도 반드시 고려해야 한다.

예를 들어 고령자를 위한 공동주택을 설계할 때 유사한 접근방식을 취할 수도 있다. 여러분은 건축주와 함께 먼저 개별 주거기능들을 주거 유닛별로 포함시

\\ 참고:
주거기능들에 관한 더 많은 정보는 같은 베이직스 시리즈 중 『설계와 주거공간의 기초(Design and Living)』(Jan Krebs, Birkhauser Publishers, 2006)을 참고.

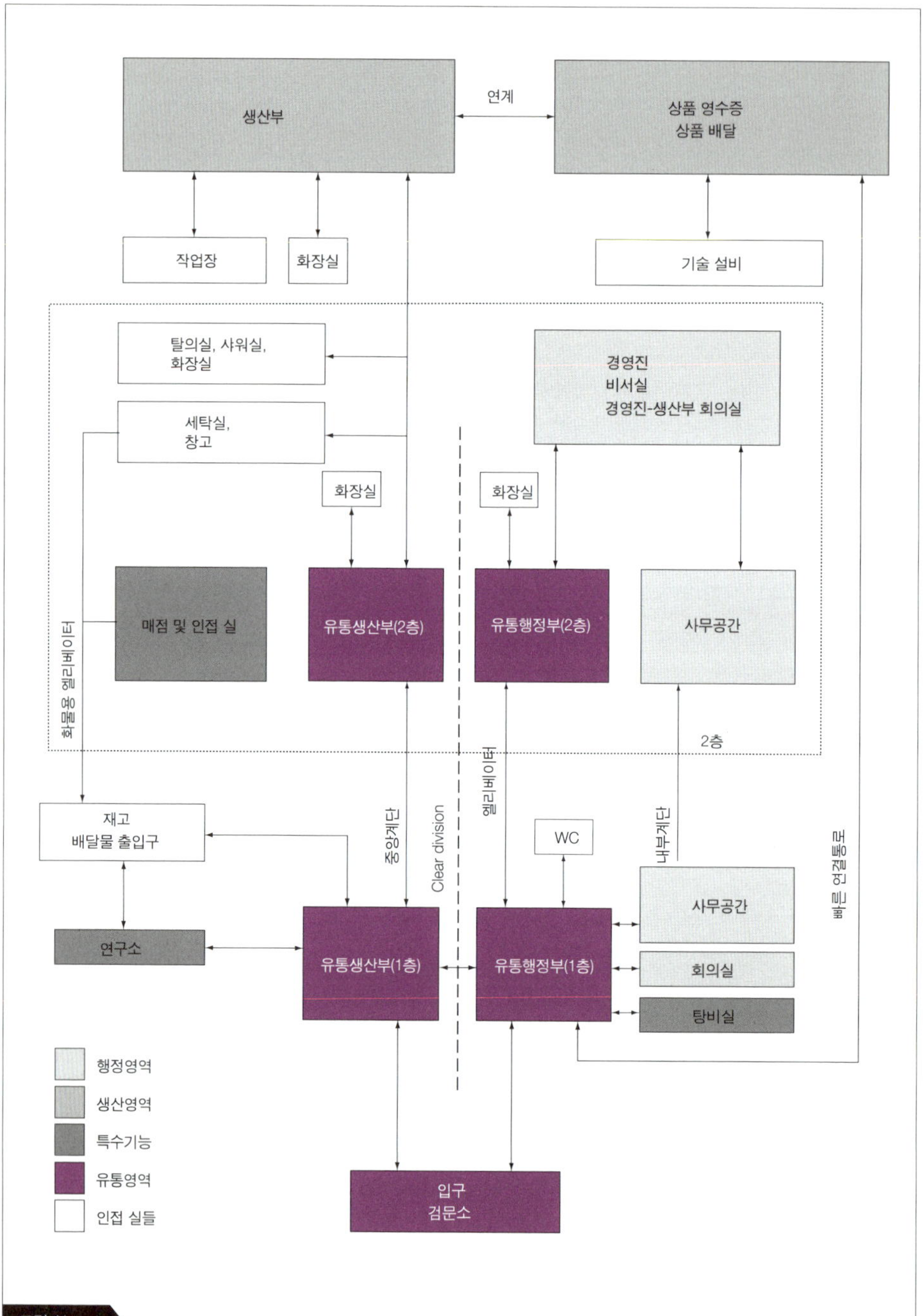

그림 41:
기능 다이어그램의 사례

킬 필요가 있는지, 아니면 모든 거주자들에 대해 그러한 기능들이 중앙에서 관리되도록 구성할지를 결정해야 한다.

공간배분계획을 통해 실의 높이, 조명 등과 관련해 동일한 요구조건들을 갖는 기능들이나 공간들을 모아 집합으로 분류할 수 있다. 이는 균형적인 공간배열을 나타내며 여러분에게 설계의 규모와 비례들에 대한 느낌을 부여해줄 것이다.

내부 동선과 조명
Interior circulation and lighting

좀 더 깊이 있게 설계를 평가하기 위해, 건축물을 구조화하는 동선 및 통로 체계들을 발전시키고 건축물의 볼륨과 형상에 관한 정보를 찾아볼 수 있다. 예를 들어 개별 사무실들로 이루어진 오피스 빌딩에서 자연광이 실내로 얼마나 깊숙히 입사되는지를 측정함으로써 그 건물의 깊이를 결정할 수 있다. 그 후에 이와 같은 정보는 건축물의 구조설계를 위한 기초로 활용될 수 있다.

내부 구성
Internal organization

설계 과제의 기능적 구성에 대해 생각해보는 것도 도움이 될 수 있다. 다양한 실들과 영역들 사이에 기능적 연계들을 결정하기 위해 그 구성을 시각적으로 표현해야 한다. 흔히 사용되는 수단은 기능적인 영역들이나 실들 모두를 그래픽으로 묘사하여 그것들 간의 상호관계들을 보여주는 기능 다이어그램이다. › 그림 41

참고

기능 다이어그램은 건축물의 내부구성을 시각적으로 재현한다. 기능 다이어그램은 설계에 형태적인 효과를 줄 수도 있는 영역들과 연관성들을 드러낸다. 예를 들어 어떤 사적이거나 민감한 기능 영역을 공적인 공간이나 반(半)-공적 공간과 분리해야 할 경우, 그에 따른 공간배치가 설계에 강하게 영향을 미칠 수 있다.

건축적임무와 목적
Architectural assignment and purpose

사전에 정의된 공간배분계획을 실제상의 건축적 임무 및 설계 목적과 동일시하지 않는 것이 중요하다. 요컨대 계획을 치밀히 검토한 후 필요하다면 변경해

\\Tip:

때로는 공간배분계획에서 실들을 다양한 비례로 실제 규모의 공간들로 그려보는 것이 도움이 될 수 있다. 그렇게 하면 설계 과제의 공간배열에 대해 시각적인 감각을 얻게 될 것이다.

\\사례

어떤 오피스 빌딩이 천장고가 약 3m인 중복도식 구조라고 해보자. 이 건물의 최대 깊이는 한 사무공간이 가질 수 있는 최대 깊이를 조사하여 결정할 수도 있지만 바닥부터 천장까지 이어지는 창문들을 통해 자연광이 유입되는 최대 깊이(약 5.5m)로 결정할 수도 있다. 중앙복도의 폭(약 1.80m)과 외벽(약 40cm) 및 복도 칸막이벽들(각각 15cm)의 두께를 더하면, 약 14m의 건물 깊이를 얻게 될 것이다. 만약 업무공간을 개실형과 개방형이 혼합되어 있는 콤비-오피스(combi-office) 영역들로 배열할 경우, 건물의 깊이를 최대 16m까지 만들어낼 수 있다.

야 한다. 건축적 임무는 건물의 순수한 기능을 초월한다. 게다가, 앞서 기술한 접근법들은 언제나 다른 결정요인들과의 관계 속에서 이해해야 한다.

예를 들어, 커뮤니티 센터는 커다란 홀 하나에 부속실들과 필수 기반시설만을 필요로 하는 게 아니다. 그 건물의 목적을 충족하려면, 다양한 사람들과 집단들을 위한 만남의 장소가 되어야 한다. 따라서 이를 성공적으로 설계하려면 과정들과 공간들이 기능하는 방식과 같은 경성요인(hard factor) 뿐만 아니라 연성요인(soft factor)들도 고민해야 한다. 이러한 연성요인들로는 접근성과 개방성, 조명, 분위기, 시야 등이 있다. 이런 요인들은 종종 건축적인 과제와 공간할당계획 간의 갈등을 일으키는데, 이때는 그 계획을 채택하여 갈등을 극복할 수 있다.

4. 설계의 구성요소

형태와 설계요소들을 다룰 때 항상 명심해야 할 것은 하나의 설계가 다른 설계에 미칠 영향을 확실히 예측하기가 불가능하다는 점이다. 어떤 설계가 훌륭하다고 하는 것은 모든 범위의 개인적 요구조건들을 충족시켜서만이 아니다. 더 중요한 이유는 디자인된 건축이 개별 요소들의 상호관계를 정의함에 따라 그것들을 새로운 질서 속에 배치하기 때문이다. 스케치와 드로잉, 모델링을 통해 가능한 모든 해결책을 모색하는 것은 여러분의 아이디어와 해결책들을 계속해서 검토할 수 있는 유일한 방법이다.

다음 장은 설계과정의 첫 출발점에 초점을 맞추고 있다. 〉 '설계의 기초' 장 참고

4.1 질서와 비례

고대 이후로, 비례는 파사드와 모든 건축물들을 설계할 때 사용되어왔다. 비례를 적용한 사례들은 모든 시대에 발견할 수 있는데, 고대 세계의 신전 건축에서부터 중세의 교회 건물과 르네상스 시대의 주택까지, 고전적 모더니즘 건축부터 현대 구조물까지를 아우른다.

건축가들은 수학공식을 통해 이상적 비례를 표현하려는 시도를 반복적으로 해왔다. 고대 그리스 · 로마시대의 건축가들은 신전과 건축요소들(예: 다양한 기둥오더들)의 비례, 특히 치수비율과 관련된 비례를 분석했다. 그 뒤에 그들은 그 비례를 한층 더 발전시켰다. 그리스의 많은 거장 건축가들은 기하학에 대한 심오한 지식을 갖고 있었고 신전을 지을 때는 수치에 의한 비율을 활용하여 개별 건축요소들을 상호간의 관계 속에서 배열했다.

\\Tip:

구조적 비례의 역사적 발전은 흥미로운 주제다. 이 분야를 연구할수록, 오늘날에도 전혀 타당성을 잃지 않은 흥미로운 유사점들과 발전사항들을 발견하게 될 것이다. 건축에서 비례법칙이 역사적으로 어떻게 발전되어왔는지를 알고 싶다면, 비트루비우스와 알베르티, 팔라디오의 책들이 읽을 만한 가치가 있다. > '부록'의 '참고문헌' 참고

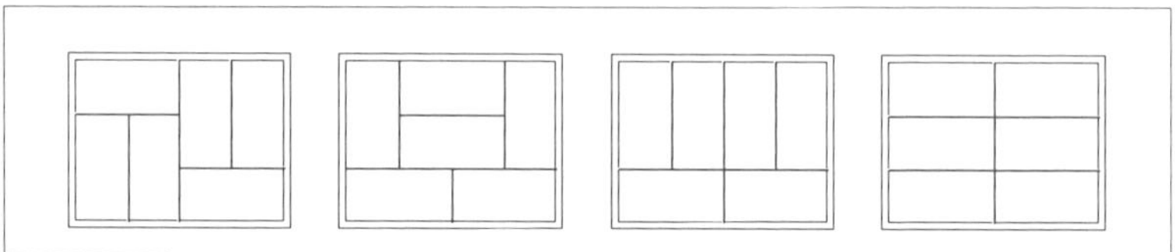

그림 42:
6개의 다다미 매트로 구성된 실들

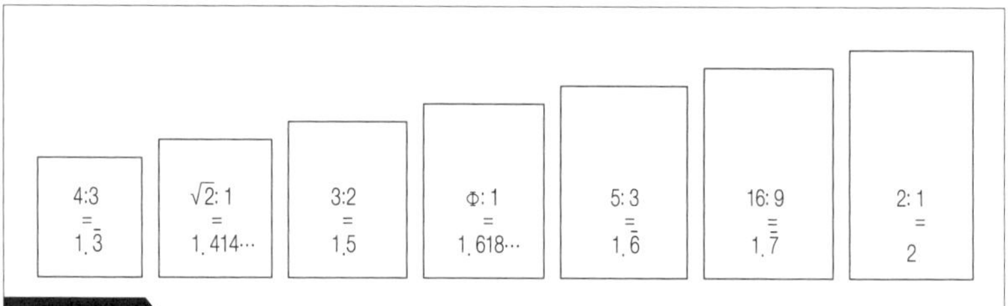

그림 43:
통상적인 직사각형 비례들

비례 개념의 이중적 의미는 이미 비트루비우스의 정의(기원전 30년) 속에 포함되어 있다. '비례(proportion)' 라는 용어는 일부분들이 다른 일부분과, 다른 한편으로는 인간들과 맺는 관계를 가리킨다. 예를 들어, 도리아식 기둥의 하단 직경치수와 그 높이의 비례는 1:6이므로 남성 신체의 비율과 일치한다. 이오니아식 기둥의 직경과 그 높이는 1:8이므로, 여성 신체의 비율을 반영한다.

일본식 다다미 매트
Japanese tatami mats

일본식 다다미 매트는 건축에서 비례원리를 단순하지만 효과적으로 적용한 사례이다. 다다미 매트는 전통적인 일본주택을 짓는 데 기초가 되는 형식이다. 이 매트들은 지역에 따라 치수의 변동이 있을 수 있지만 일반적으로 85 cm × 170 cm의 치수를 갖는다. 그 1:2의 비율로 인해, 이 매트들은 끝없이 다양한 조합들로 배열이 가능하다. 또한 이 매트들은 방들의 규모와 비례를 결정하기도 한다. (표준적인 일본식 방은 일반적으로 6개의 다다미 매트로 구성된다.) 〉그림 42 참고

다다미 매트의 비례뿐만 아니라, 건축과 다른 많은 분야에서 사용되는 다른 비례들이 있다. 〉그림 43 참고

황금비율
The golden section

가장 잘 알려진 비례 가운데 하나는가 황금비율인데, 이 비율은 약 1:1.618의 비율로 두 개의 수나 길이의 관계를 표현한다. 황금비율은 수학기호 π(파이)처럼 무리수인데, 두 개의 정수를 사용하여 분수로 표현할 수 없기 때문이다. 수학적으로 황금비율은 다음과 같은 공식으로 정의된다.

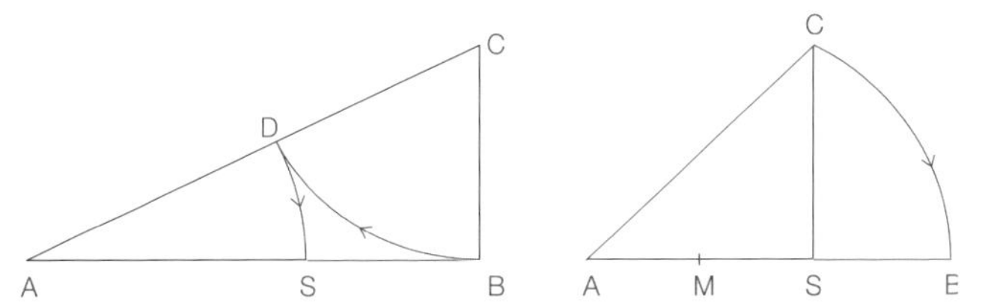

그림 44:
황금비율을 도출하는 방식을 보여주는 다이어그램

$$a/b = (a+b)/a$$

황금비율은 원을 사용하여 구성할 수도 있다. 〉 그림 44 참고

모듈러
The Modulor

미터법 체계의 도입은 다양하게 쓰이고 있던 기존의 측정단위들을 압도하며 상용화되었다. 기존 길이 단위들(인치, 피트, 야드, 로드)과는 달리, 미터는 인체비례가 아닌 지구의 둘레와 관계가 있다. 결국, 비례의 두 의미 가운데 하나였던 "표준계수"와 인간 사이에의 직접적 관계를 적용하지 않게 되었다. 휴먼 스케일을 건축에 재도입하고 싶어 했던 르 꼬르뷔제는 평균적인 인간의 비례와 황금비율을 기준으로 자신만의 척도체계인 모듈러를 개발했다. 모듈러는 용도와 직접적으로 관련되는 비례와 치수들의 설계를 가능하게 하는데, 예를 들면 창문, 실 전체, 파사드의 비례뿐만 아니라 테이블과 난간 높이의 치수에 적용이 가능하다. 〉 그림 45 참고

〉

비례 경험하기
Experiencing proportions

모든 수학적 접근과 분석과는 별개로, 비례는 관보는 이로 하여금 주관적인 행복감을 느끼게 한다. 모든 이들이 체계화와 직접 적용 가능한 규칙에 대한 바람을 이해할 수는 있을지언정, 일견 잘 설계된 것처럼 보이는 상당수의 건축물과 파사드가 어떤 이해할 수 있는 수학적 규칙들에 근간을 두고 있는 것은 아니다. 따라서 균형적인 비례들을 얻는다는 것은 언제나 설계자가 다양한 건축요소들의 치수

\\ 참고:
모듈러의 개발과 모듈러 측정체계의 배경에 대해 더 알고 싶다면, 르 꼬르뷔제의 『모듈러(The Modulor)』 제1권과 2권(Birkhauser Verlag, Basel 2000)을 참고.

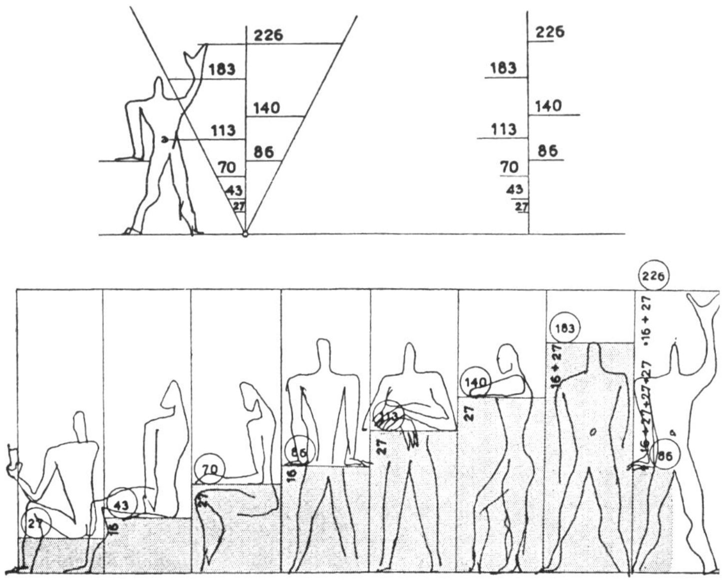

그림 45:
르 꼬르뷔제의 모듈러

와 구성, 그리고 이들 사이에 관계를 결정할 때 자신의 느낌으로 진행해야 함을 뜻하기도 한다.

예를 들어, 파사드의 비례에 관한 작업을 할 경우, 여러분이 의지할만한 친숙한 수많은 규칙과 비례가 있음을 알게 될 것이다. 그렇다 하더라도 개개 규칙과 비례를 해석하고 적용하기 시작하거나 원하는 결과에 도달할 때까지 시도해야만 잘 설계된 파사드 비례를 얻게 된다. 여기에는 이동과 변경이 수반되는데, 말하자면 내부와 파사드의 비례에 만족할 때까지, 그리고 전체적인 디자인과 최종적으로 조화를 이룰 때까지 커다란 파노라마 창을 이동시켜보고 변경시켜봐야 하는 것이다.

4.2 설계의 기초요소

기하학적 형태
Geometrical forms

학교에서 가르치는 기하학은 점과 직선, 평면, 거리, 각도 등을 다룬다. 유클리드(기원전 365-300년경)가 세운 공리들과 그 이후에 나타난 그의 이론들에 대한 개선사항들로부터 설계에 기초로 작용하게 될 형태들을 도출할 수 있다. 예를 들어 2차원 형태들(평면들)로는 삼각형과 정사각형, 직사각형, 원, 마름모꼴 등이 있는 반면, 3차원 형태들(입체들)로는 정육면체와 직육면체, 구, 원뿔 등이 있다. 여러분은 이러한 기초적인 수학도형들을 활용하여 그것들을 변형하고, 서로 합치거나 일부분을 따내는 방식으로 다양한 형태와 기본 평면 및 배치들을 발전시킬 수 있다.

기하학적 평면
Geometrical planes

면의 기하학적인 속성들은 대부분 건축물의 표면으로 옮겨간다. 네 면의 파사드 길이가 같은 정사각형의 평면은 공원의 파빌리온이나, 개방 공간 혹은 광장에 들어서는 건물처럼 기본적으로 방향성이 없는 건물을 설계하는 데 아주 적절하다. 이러한 평면은 원형 건축물에 훨씬 더 많이 적용되는데, 원형 건축물은 방향성이 없을 뿐만 아니라 그 중심을 지향함으로써 공간의 의미를 고양시키기 때문이다. 반면 직사각형 건축물은 자체적인 방향성을 갖는다. 이러한 건축물의 단방향성 배열은 정면 파사드와 측면 파사드를 다르게 만든다. 측면 파사드를 따라서는 뚜렷한 3차원적 경계들이 형성되지만, 정면 파사드는 끝단들을 만들어낸다. 반면 타원형 건축물은 2개의 초점이 일직선을 이루는 공간을 형성한다. 원형 건축물처럼, 타원형 건축물도 하나의 연속적인 파사드를 갖는다. 하지만 원형과는 달리 타원형은 (직사각형 건물과 유사하게) 방향성을 제공한다. 이러한 기하학적 도형들을 기초로 1층 평면을 발전시키면, 그 법칙들을 인식하고 의식적으로 적용할 수 있게 될 것이다. 여기서 기술한 원리들은 그림 46의 사례들에 나타나 있다.

기하학적 입체
Geometrical bodies

위에서 언급한 2차원 평면에 3차원 좌표축 하나를 더하면, 다양한 3차원적 입체들을 만들 수 있다. 기하학적 입체들은 면과 동일한 법칙을 따른다.

단순한 기하학적 입체들은 성격상 매우 강력한 인상을 주며 독립적이다. 이들은 특히 넓은 주위환경 속에 설치되는 오브제 같은 건축물들을 설계할 때 적합하다. 〉그림 47과 48 참고 이와 같은 건축물들을 다른 건축물과의 거리가 멀지 않은 조

\\ Tip:

보드와 점토, 목재, 폴리스티렌 블록들로 간단한 스터디 모형들을 활용하여 여러분이 원하는 형태와 비례들을 만들어보는 보람찬 실험을 해볼 수 있다. 같은 베이직스 시리즈인 『모형제작(Modelbuilding)』에서 모형과 모형 재료들에 관한 더 많은 정보를 볼 수 있을 것이다.

\\ 참고:

고대 그리스 · 로마시대 이후로 수학은 건축에서 중요한 역할을 수행해왔다. 다빈치의 인체비례 삽화(1492)는 인체와 기하학적 형태 사이의 밀접한 관계를 분명히 하고 있다. 태곳적부터 건축가들은 기본 평면과 배치, 입면, 건축물 전체를 설계하는 데에 기초적인 기하학적 형태들을 활용해왔다.

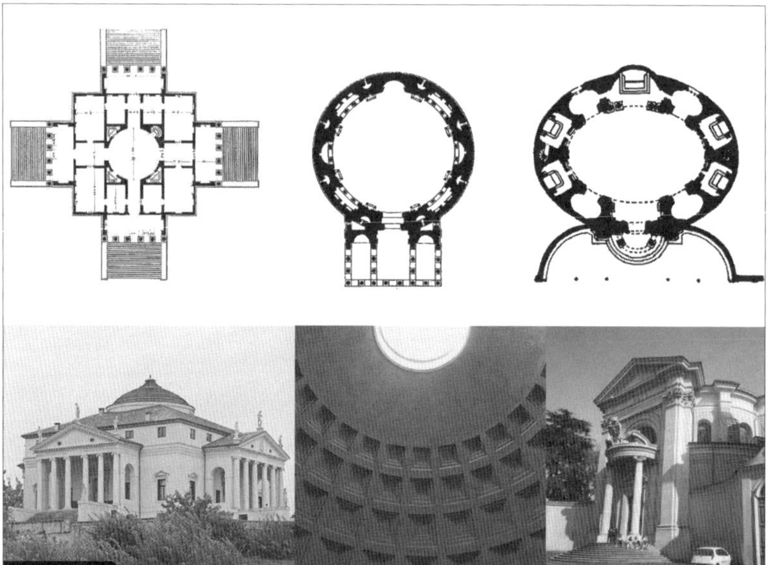

그림 46:
기초적인 기하학적 형태를 활용한 건축물들 – 라 로톤다(빌라 카프라), 판테온, 산 안드레아 알 퀴리날레 성당

밀하고 이질적인 환경 속에 통합하는 것은 쉬운 일이 아니다. 종종 명료성이 떨어지는 결과가 되곤 하기 때문이다.

자연에서 발견되는 형태
Forms found in nature

인간이 확립한 물질적 · 비물질적 관계들뿐만 아니라 자연에서도 일부 형태와 구조들을 도출할 수 있으며, 그것들이 여러분의 설계에 아이디어를 제공할 수 있다. 종종 유기적인 형상이나 자연환경에서 유도된 형태들로 이루어지는 자연의 구조들은 매우 다양하며 매혹적인 외형을 갖고 있다. 대부분의 자연적 요소들은 일견 혼돈스럽고 무작위로 발생된 것처럼 보이지만 분명하면서도, 복잡할지라도 패턴과 규칙들에 기초한다. 이들의 단위구성을 조사해보면, 그 유연성과 하중에 견디는 능력, 재료의 효율성, 그리고 무엇보다도 조각과 같은 디자인과 관련하여 독특한 구조임을 확인하게 될 것이다. 자연으로부터 아이디어를 도출할 경우, 여러분은 곧 자연의 형태언어와 다양성에서도 영감을 찾게 될 것이다.

아르누보
Art Nouveau

19세기 말과 20세기 초에 지어진 아르누보 양식의 건축물들은 설계자들의 자연에 대한 관심을 표현했다. 아르누보의 다양한 양식들은 건축가들이 자연에서 영향을 받는 다양한 방식들을 드러내는데, 그런 방식들은 꽃 장식에서부터 유체형의 생동감 있는 평면과 파사드, 건축물 전체의 유기적 디자인에까지 이른다. 〉

그림 49 참고

그림 47:
직각의 정육면체들은 그 주위환경 속에서 콤팩트하게 보인다.

그림 48:
원통형과 피라미드형 등 기하학적 형태를 활용한 사례

그림 49:
자연에서 영감을 받은 아르누보 형태들

\\ 참고:
"바이오닉스(bionics)"는 생물학을 뜻하는 바이올로지(biology)의 첫 음절과 공예학을 뜻하는 테크닉스(technics)의 두 번째 음절을 합성한 용어이다. 바이오닉스는 자연에 존재하는 구조적 · 발달적 원리들의 기법을 기술 체계들에 적용하려고 노력한다.

게다가, 조직적이고 구조적인 원리들을 실제의 건축으로 구축해보고 싶다면 자연에 대한 탐구가 매우 도움이 될 수 있다.

바이오닉스
Bionics

많은 건축가들은 바이오닉스 원리들을 적용하여 건축물 설계와 구조를 개발하거나 개선해왔다. 뮌헨의 올림픽공원에 프라이 오토가 설계한 텐트형의 케이블망 구조, 그림쇼의 에덴 프로젝트에서 선보인 "거품모양(bubble-and-foam)" 지오데식 돔(geodesic dome): ※지오데식(geodesic)이란 말은 본래 곡면 위에서의 최단거리 직선을 의미하며, 벅민스터 풀러에 의해 명명한 지오데식 돔은 삼각형 등의 동일한 다각형 격자 구조재를연결시켜 만든 구형에 가까운 돔형 구조물을 말한다. 들, 칼라트라바의 (갈비뼈처럼 보이는 내력구조들을 갖춘) 교량과 건축물들은 모두 자연에 존재하는 구조 원리들로부터 전개되었다. 이렇게 자연을 기술로 전환하고 싶다면 계속적인 수정과 추상의 과정들을 통해 작업을 진행해야만 하는데, 이는 자연의 형태들이 그대로 복제하기엔 정말 너무도 복잡하기 때문이다. 자연적 형태들의 기초 원리들을 관찰하고 분석하는 일이 훨씬 더 중요한데, 그러한 과정을 거쳐 얻은 통찰만이 건축적인 구조로 전환될 수 있기 때문이다. 프라이 오토는 강재 케이블과 비누 거품으로 실험하면서 지붕형태를 개발했다. 그가 창안한 형태들은 중력만으로 만들어지는 형태로서 그 힘의 흐름을 지붕외피 속에서 완벽하게 재형성하고 있다. 〉그림 50과 51, '재료와 구조에 관한 작업' 장의 '설계요소로서의 재료와 구조' 참고

동식물들은 건축물로 번안되고 전환될 수 있는 폭넓게 다양한 특징들을 보여준다. 그 예로는 생물의 골조와 곤충의 겹눈, 아르마딜로의 껍질, 새의 날개 등이 있다. 〉그림 52와 55 참고

프리폼
Free forms

구조와 구성에 관한 실험을 통해 어떤 디자인 형태에 도달하고자 시도해보면, 일견 질서생성체계들과 관계가 없어 보이지만 그 새로움만으로도 매혹적인 형태들을 만들 수 있을 것이다. 건축은 자유롭게 흐르는 형태들을 만들려는 노력 속에서 여타 순수예술과 매우 가까운 지점에 와있다. 이러한 접근은 특히 교회와 박물관, 문화센터 등 사회적 중요성을 갖는 대규모 건축 프로젝트의 설계에 적합하다. 그 설계과정은 건축물을 보다 역동적으로 만들고 건축물 내부와 그 주위의 움직임을 가시화하려는 목적을 가질 때가 종종 있다. 그러한 전략들은 곡선형 모서리를 갖춘 경사구조들이나 박물관 방문 시에만 형태가 보이는 구조들, 혹은 건물을 가로지르며 연속적으로 나선을 그리는 형태들을 설계할 때 사용되어왔다. 〉그림 56, '공간과 신체', '아이디어에 도달하기' 장 참고

프리폼은 건축물에 상징적인 특징을 부여하거나 공간이나 건축물에 독특한 외관을 부여할 때 특히 유용하다. 그러나 이러한 접근을 취할 때는 건축가들이 그

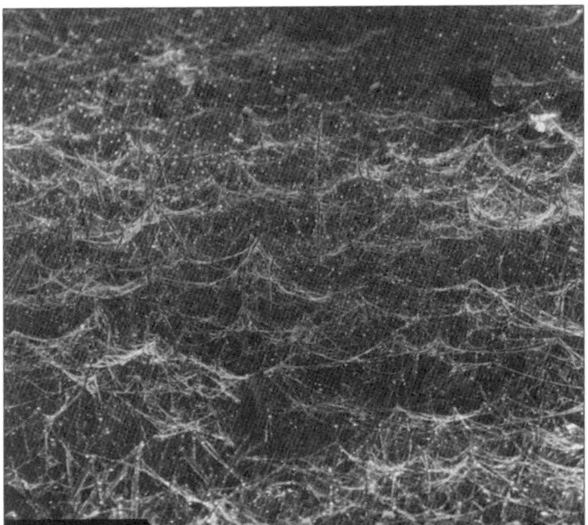
그림 50:
풀밭 위에 쳐져 있는 거미줄

그림 51:
케이블망 구조로 이루어진 지붕

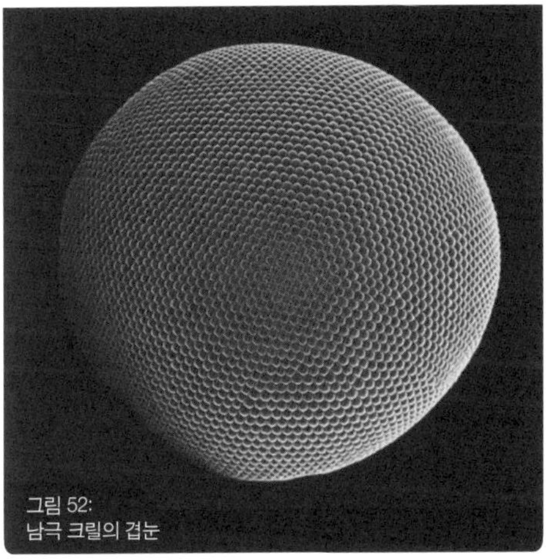
그림 52:
남극 크릴의 겹눈

그림 53:
콘월의 에덴 프로젝트

그림 54:
날개를 뻗고 있는 혹고니

그림 55:
리옹의 TGV 철도역사

그림 56:
모더니즘 건축의 역동적인 프리폼

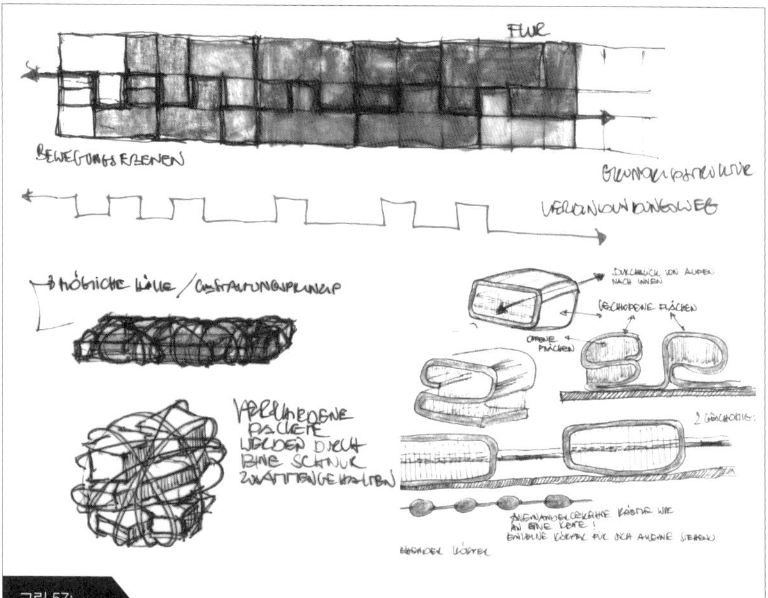

그림 57:
형태를 탐색하며 그린 스케치들

형태에 과도한 관심을 쏟는 바람에 건축물에 여타 다른 요구들을 너무 소홀시 할 위험이 있다. 〉그림 57 참고

4.3 공간과 신체

건축은 언제나 공간과 신체 사이에 일어나는 상호작용의 결과다. 각각의 몸은 공간을 정의하고, 오브제들은 오직 공간 속에서 읽히게 된다. 이 요소들은 상반적이면서도, 서로에게 직접적으로 의존하기도 한다. 오직 그 상호작용 속에서

그림 58:
두 입체를 합치는 다양한 원리들

만 공간과 신체는 하나의 통일체를 형성한다. 그리고 건축은 오로지 그러한 상호작용의 결과로서만 가능하다. 연속적으로 흐르며 이어지는 실들은 종종 명확히 경계가 정해진 공간과 그렇지 않은 신체 사이에 존재하는데, 두 요소들의 풍부한 상호작용으로부터 실들의 순서와 공백, 내 · 외부의 실들이 생겨난다.

만약 여러분의 디자인이 단순한 기본형태 이상으로 이루어지길 원한다면, 수많은 여러 가지 요소들을 사용하는 다양한 방식을 강구해야 할 것이다. 몇몇의 요소들을 배열하고 결합하여 공간을 창출할 수 있다. 입체들의 일부를 따내는 방식으로 공간을 만들거나 기본요소들을 수정하고 변형할 수 있다. 이러한 방법들을 결합하는 방식은 무수하다.

요소들의 배열과 결합
Arranging and joining elements

만약 여러분이 부가하는 방법으로 복잡한 형상을 만들고 싶다면, 디자인에에 상호 관련된 요소들의 위치를 정해야 한다. 형태만으로도 상호작용하는 수많은 다양한 단독 형태들을 선택할 수도 있고, 동일한 입체들을 선택하여 배열방식을 바꿈으로써 관계를 만들어낼 수도 있다.

형태는 다른 형태를 관통하거나 관입될 수도, 다른 형태에 부착되거나, 부가될 수도, 다른 형태와 열을 이루거나 끼워 맞춰질 수도 있다. 형태들은 언제나 상호작용하며 공간구조들을 만들어낸다. 〉그림 58과 59 참고 기본적으로 둘 중 하나를 선택할 수 있는데, 두 요소들을 어떤 방식으로 배열하여 그 사이에 공간을 만들어 내거나, 주어진 공간 속에 그 요소들을 배열할 수가 있다. 〉그림 60 참고

\\Tip:
프랜시스 D.K. 칭의 『건축의 형태 · 공간 · 규범(Architecture – Form, Space and Order)』은 신체와 공간의 기본적인 관계들을 설명하는 표준적인 저서이다('부록' 의 '참고문헌' 참고).

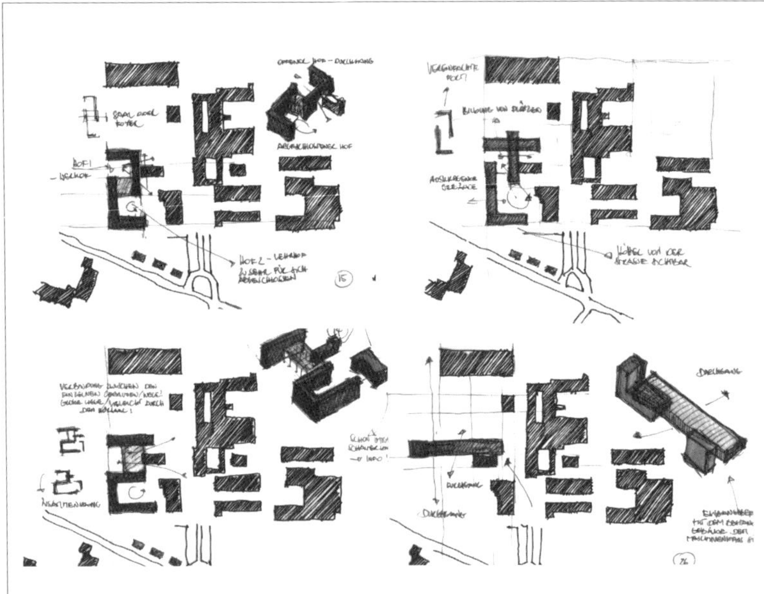

그림 59:
도시적 맥락에 입체들을 더해가며 그린 스케치들

두세 개의 형태들을 배열하여 하나의 구성을 만드는 것뿐만 아니라, 훨씬 더 많은 수의 형태들이 유기적으로 배열되어야만 하는 상황들(예: 도시개발 및 거주지역개발)이 있다는 것을 알아야 한다. 전형적인 배열방식으로는 다음과 같은 예들이 있다. 〉 그림 61 참고

_ 선형배열
_ 격자배열
_ 군집배열 혹은 집합배열
_ 광장이나 여타 중심점들 주위의 건물배열
_ 방사배열
_ 진주목걸이처럼 요소를 늘어놓는 배열

슬래브를 활용한 공간 만들기
Creating space with slabs

슬래브는 아주 특별한 구조형식이다. 그것은 수평이나 수직 어느 방향으로도 배열할 수도 있다. 또한 통로를 만들어 사람들을 어떤 목적지로 이끄는 데 활용할 수도 있다. 슬래브의 배열이 통로용이냐 시각적 효과를 위한 것이냐에 따라, 다른 공간으로 자연스럽게 흘러가는 공간을 만들거나 내 · 외부 공간들이 서로 맞물리는 공간을 만드는 데 활용할 수 있다. 〉 그림 62 참고

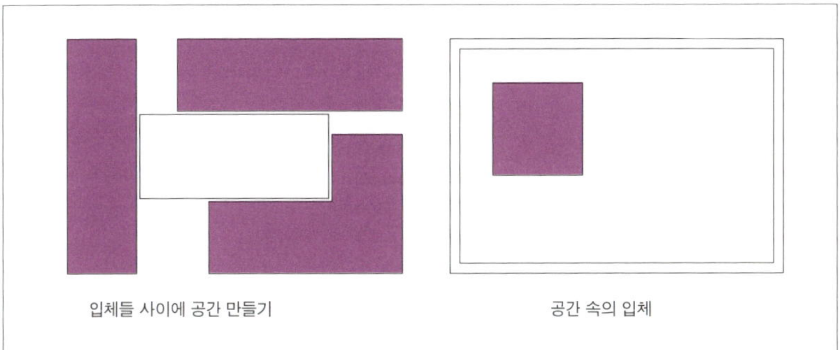

그림 60:
공간을 만드는 입체들

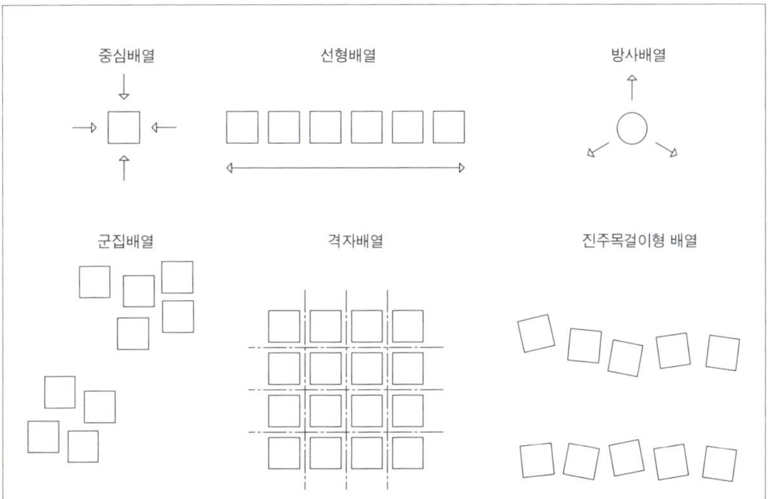

그림 61:
건축물의 배열방식

1층 평면상의 슬래브 배열만이 아니라 수평 슬래브들의 단면이 만드는 인상도 고려해야 하는데, 그것이 디자인의 인상에 결정적인 영향을 주기 때문이다. 바닥판이 수직선상에서 어디에 위치하는가가 건축물의 인상을 결정하는 중추적인 역할을 할 수 있으며, 다음과 같은 위치들이 가능하다. 〉그림 63과 64 참고

_ 기초 속에 파묻힘

_ 기초와 같은 높이

_ 지면에 바로 놓임

_ 지표면 위에 떠있음

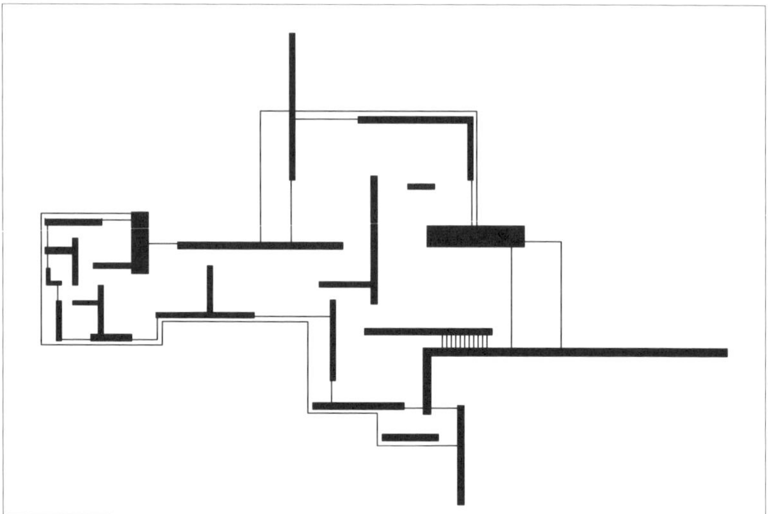

그림 62:
흐르는 공간들 (미스 반 데어 로에의 설계에 대한 재현)

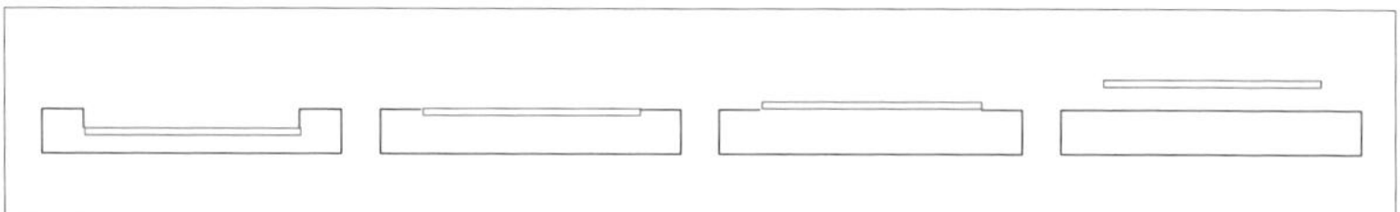

그림 63:
지면과 평행하게 배열되는 수평 슬래브들

그림 64:
유명한 모더니즘 슬래브 건축물 사례

따내기와 변형
Subtraction and modification

표면과 입체를 발전시키는 방법으로 일부를 수정하거나 따내는 방법이 가능하다. 예를 들어, 파편적인 입체는 설계를 위한 기하학적 기초의 역할을 할 수 있다. 정사각형과 원 등의 간결한 기본 형태들은 수많은 방식으로 변형하고 수정될 수 있다. 〉 그림 65-67 참고

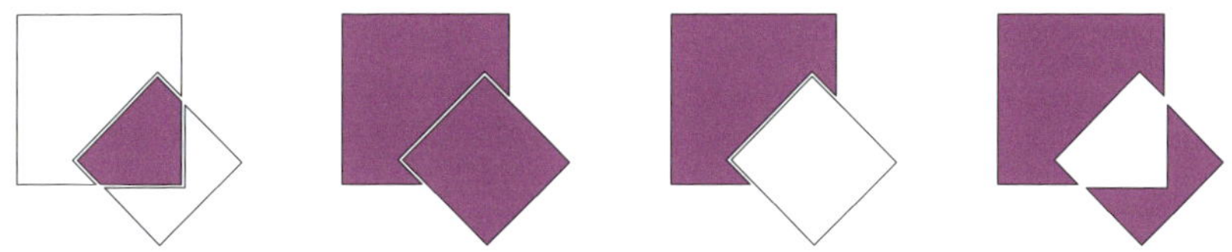

그림 65:
집합이론에 기초한 변형들

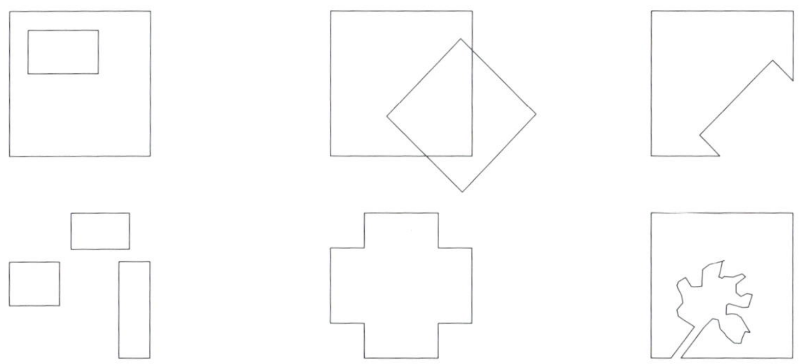

그림 66:
일부를 따내거나 변형한 정사각형들

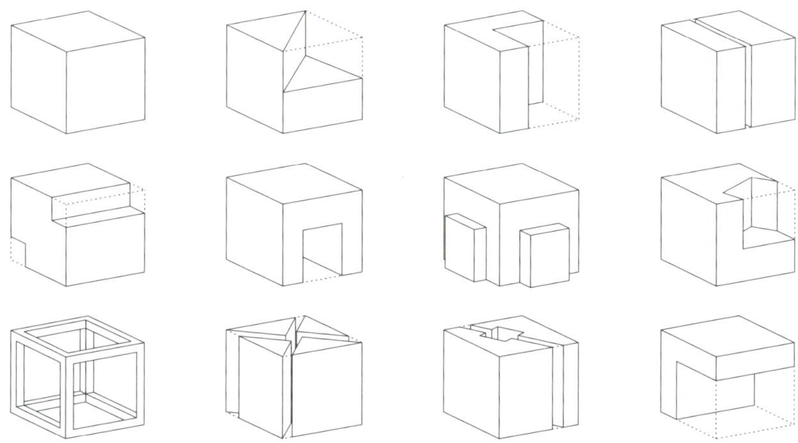

그림 67:
일부를 따낸 정육면체들

그림 68:
만곡된 입체와 표면들

그림 69:
설계원리로서의 폴딩

이러한 많은 변형들은 집합이론에서 차용한 간단한 수학함수들에 기초한다. 두 개의 입체나 표면이 교차할 때, 그것들은 부분집합과 교집합, 합집합, 차집합을 만들 수많은 가능성을 갖게 된다.

폴딩과 벤딩
Folding and bending

입체와 표면을 수정하거나 변형하는 또 다른 방식은 그것들을 접거나 휘는 것이다. 하나의 띠를 휘거나 접으면, 공간을 포함하면서 방향을 재정립하는 하나의 방향성 있는 공간적 흐름을 만들어낼 수 있다. 하나의 입체를 회전시키거나 휠 경우, 더욱 부드럽고 유연하게 만들 수 있어 그 입체의 기하학적 경직성을 상쇄시킬 수 있다. 혹은 형태를 변형할 때에만 명백해지는 외적인 영향과 힘들을 고려하여 그 기본 형태를 바꿀 수도 있다. › 그림 68과 69 참고 기하학적 요소들을 접고 휘는 변형방식뿐만 아니라, 훨씬 더 복잡한 형태들을 만들고 처리할 수도 있고, 컴퓨터를 사용하여 새로운 디자인들을 자유롭게 창출할 수도 있다.

5. 재료와 구조에 관한 작업

역사적으로 볼 때 설계는 언제나 구조에서부터 출발했으며, 구조는 산업시대가 시작되면서 다시 독자적인 상태로 돌아갔다. 일반적으로 건축가는 건축물의 기본적인 틀이 되며, 최종 작품에 가시화되는 구조를 확실하게 하려고 한다. 골조 구조에서는 파사드의 편성방식과 내부의 범위를 한정하는 기둥 그리드(column grid) 형태의 구조를 취할 수 있다. 산업혁명 이후, 교량과 같이 엔지니어가 설계하는 구조물들은 그 구조설계를 공개적으로 선보이면서 확실한 내력구조를 제공하였다. 이러한 발전은 19세기 말에 이르러 외장재와 장식구조들을 씌우길 거부하는 새로운 미학을 출현시켰다. 이에 대한 증거를 많은 건축 분야에서도 볼 수 있다. 이러한 경우에는 사용되는 구조와 재료들 간에 직접적이고 밀접한 관계가 존재한다. 예를 들어 철의 산업적인 생산이 없었다면, 금속으로 매우 섬세하게 이루어진 건축물들은 생각할 수가 없었을 것이다. 그리고 철근콘크리트가 갖는 속성들이 없었다면, 대부분의 쉘구조들은 결코 현재와 같은 형태로 시공될 수 없었을 것이다. 〉그림 70 참고 재료의 기술적 · 시각적 · 촉각적 속성들은 디자인과 그에 따른 구조에 표현을 부가하는 데에 의식적으로 사용할 수 있다.

5.1 설계요소로서의 재료와 구조

구조를 활용하여 설계를 형상화하고 구조화할 수 있다. 아니면 그 맥락이나 기능으로부터, 혹은 여러분만의 형태를 만들고서 나중에 필요한 구조가 감지되지 않게 보이게끔 통합하는 방식으로 여러분의 설계를 발전시킬 수도 있다. 까다로운 구조적 요건들(예: 폭넓은 경간)을 갖춘 건축물인 경우, 기능과 형태, 구조를 별도로 다루기란 매우 어렵다. 따라서 내력구조를 설계과정과 설계를 한 층 발전시키는 모든 과정을 위한 출발점으로 삼는 것이 바람직할 것이다.

그림 70:
철근콘크리트 쌍곡포물면

구조를 여러분의 설계를 위한 기초로 활용하고 싶다면, 스스로 내력구조들을 구성하기 위한 기술적 기준들, 즉 정역학적 체계와 재료의 선택, 부재의 치수와 같은 기준들에 친숙해져야 할 것이다.

구조와 재료선택
Structure and choice of materials

일반적으로 건축물의 시공에 쓰이는 재료는 설계과정에서 선택된다. 그렇지만 재료에 기초하여 설계가 진행될 수도 있다. 천연석재가 주위환경에 그 특정한 성격을 부여할 수도 있고, 기후적인 이유로 일대 건축물이 목조일 수도 있다. 〉 '맥락 속에서 설계하기' 장의 '사회적 요인과 사회문화적 요인' 참고 재료의 선택은 여러분이 건축하고 싶어 하는 구조에 대한 최초의 아이디어에서 영감을 받을 수도 있다. 만약 여러분의 디자인이 어떤 특수한 재료에 기초한다면, 구조나 설계를 발전시킬 때 그 재료의 속성들을 고려해야 할 것이다. 〉 그림 71 참고

설계요소로서의 구조
The structure as a design element

일반적으로 구조는 질서를 확립하고 하중들을 지탱할 뿐만 아니라, 많은 경우 설계의 중심적인 특징으로서도 역할을 한다. 설계는 그 구조의 하중지지 능력과 재료의 효용을 모두 향상시켜야 한다. 또한 그것은 미적인 외관과 한 건축 작품의 구조에 모두 결정적인 영향을 줄 수도 있다.

여러분이 구체적인 요건들과 정역학적 조건들을 알고 있다면, 작품에서 진정 창조적인 부분까지 다다를 수 있다. 내력구조들을 활용하는 다양한 방식들이 많이 있다. 예를 들어, 선형의 보(거더)와 내력격자, 편평한 건물부재들, 케이블 지지구조, 혹은 곡면 셸들을 통해 경간거리를 조정할 수 있다. 이러한 각각의 내력방식들이 디자인의 선택과 구조의 공간적 효과를 결정할 수 있다. 공간적인 고려사항 때문에 특수한 구조적 내력방식들이 필요할 경우라 하더라도, 그 방식들을 의도적으로 활용하여 지지구조로서의 기본 기능을 뛰어넘는 형태와 구조를 발전시킬 수가 있다. 또한 특정 재료들의 사용을 의도하여 회전지점과 조립절점과 같은 다양한 유형의 연결부들을 설계할 수도 있다.

\\ 참고:
재료와 구조의 선택에 관한 더 많은 조언들은 같은 베이직스 시리즈의 다음 책들에서 볼 수 있다. 『재료』(Manfred Hegger, Hans Drexler, Martin Zeumer 지음), 『내력시스템』(Alfred Meistermann 지음), 『목구조』(Ludwig Steiger 지음), 『조적구조』(Nils Kummer 지음

\\ Tip:
\\ 참고:
스페인 건축가 산티아고 칼라트라바는 종종 거침없이 담대한 그의 건물들을 위한 기초 역할을 하는 많은 정역학적 모델들을 만들어왔다. 이런 성격의 디자인을 발전시키는 데 관심이 있다면, 칼라트라바의 정역학적 실험들이 당신만의 아이디어를 발전시키는 데 좋은 영감의 원천으로 여겨질 수 있을 것이다.

그림 71:
플라스틱, 조적, 콘크리트, 목재로 이루어진 개별 구조들이 재료의 특수한 속성들을 형상화한다.

만약 표준화된 부재들에 의존하지 않는 흥미로운 구조들을 발전시키고 싶다면 정역학에 대한 탄탄한 지식을 습득할 필요가 있다. 그렇지만 여기서 중요한 것은 내력구조들을 정확하게 계산할 수 있느냐의 여부가 아니라, 구조와 정역학적 체계들을 잘 파악하느냐의 여부다. 중력에 대한 실험을 통해 혁신적인 아이디어들을 발전시킬 수도 있다. 그렇게 함으로써, 작은 모형으로 내적으로 안정적인 정역학적 체계들을 발전시키고 불필요한 계산을 하는 수고를 덜 수 있다.

재료에 합리적인 구조
A structure that does justice to the material

구조적인 규칙과 건축물재료의 속성을 조사하여 설계와 형태에 필요한 요인을 얻을 수 있다. 예를 들어 조적구조는 폭이 넓은 간극을 이을 때 그 사용이 제한적이기 때문에 종종 볼트구조나 아치구조와 함께 사용된다. 반면 목조 건물을 건축할 경우에는, 반드시 재료의 맞춤을 고려해야 하고 목재를 보호하기 위한 구조적 대책을 취해야 한다. 강구조는 비록 화재 발생 시 피난에 문제가 있지만 재료를 최소로 사용하면서 장스팬의 구조가 가능하다. 어떤 재료를 선택하든 간에, 그것의 특수한 속성들을 구조적으로 고려해야 그 재료와 구조를 완전히 활용할 수 있다. 〉그림 72 참고

그림 72:
재료를 훌륭하게 활용하는 내력구조들

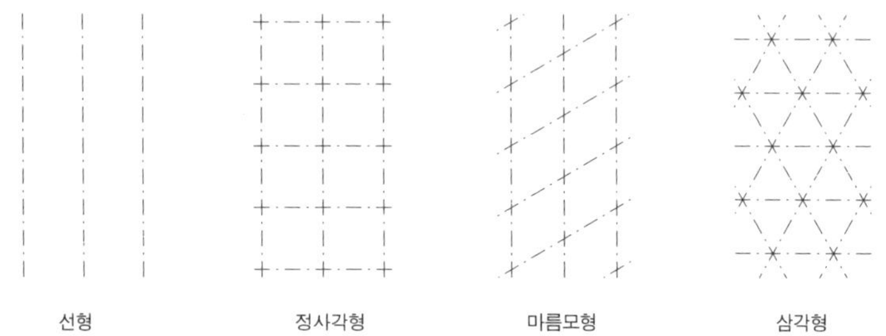

그림 73:
그리드의 유형

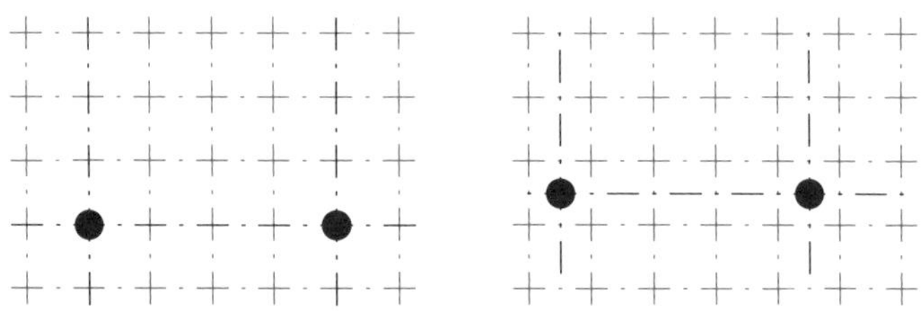

그림 74:
그리드와 일체된 기둥과 독립해 있는 기둥

모듈형 그리드와 경간 길이
Modular grids and span lengths

일단 재료를 선택하고 나면, 그 재료의 가능성과 기능적 요건들이 일반적으로 여러분의 설계에 반영되는 경간 길이와 다양한 구조부재들 간의 이격거리를 결정할 것이다. 그리드는 단위 면적의 반복을 통해 만들어진다. (이 방법이 바람직하고 설계의 기초를 이루는 형식이다.) 모듈형 그리드는 구성 체계와 파사드, 공간들을 발전시킬 때 활용된다.

그리드는 서로 직각을 이루는 일련의 축으로 구성하여 직사각형이나 정방형의 영역을 형성할 수 있다. 이외에 취할 수 있는 방법으로, 임의의 각도로 마름모형의 격자그리드를, 또는 이등변삼각형으로 삼각그리들를 고려할 수도 있다. 선형 내력구조에 사용되는 그리드는 추가적인 방향 축이 없는 선형공간들에 기초를 두고 있다. › 그림 73 참고

이러한 관계 속에서, 대개는 파사드와 비내력벽들이 그리드 축 상에 놓여야 하는지 아니면 그 축들로부터 떨어져 위치하여야 하는지와 관련하여 의문이 일어

난다. 만약 골조와 벽이 함께 하중을 떠맡는 구조라면, 그 벽들을 그리드 축에 위치시키고 기둥의 열에 맞추어 분할하는 것이 바람직하다. 순수한 골조구조에서처럼 벽들과 파사드를 그리드에서 분리시키는 방식으로 내력벽과 비내력벽을 분명히 구분할 수 있을 것이다. 일부 그리드 선상에서 독립된 기둥들을 포함하는 구조는 훨씬 더 큰 현장감을 갖게 되고 보다 자율적으로 보일 것이다. 〉 그림 74 참고

5.2 우리는 재료를 어떻게 지각하는가

재료는 단지 기술상의 속성으로만 구분되는 것이 아니라, 관찰자에게 미치는 효과로도 구분된다. 우리는 우리의 다양한 감각기관들이 행하는 상호작용을 통해 다양한 여러 가지 방식으로 재료들을 지각한다.

감각적 지각
Sensory perception

모든 자극의 거의 90퍼센트가 시각적으로 지각되기 때문에, 건축물과 재료의 시각적인 영향은 건축사 전반에 걸쳐 중요한 역할을 해왔고, 종종 연구의 대상이 되어왔다.

재료와 그 분위기
Materials and the atmosphere

통상적인 설계 방법과 수단을 통해 건축물의 소리와 냄새, 촉각적 속성들을 포착하고 재현하기란 꽤나 어렵다. 이러한 지각들은 건축물의 재료적인 속성들과 긴밀히 연관되기 때문에, 기능이나 맥락으로부터는 제한적으로만 도출할 수 있을 뿐이다. 〉 그림 75 참고

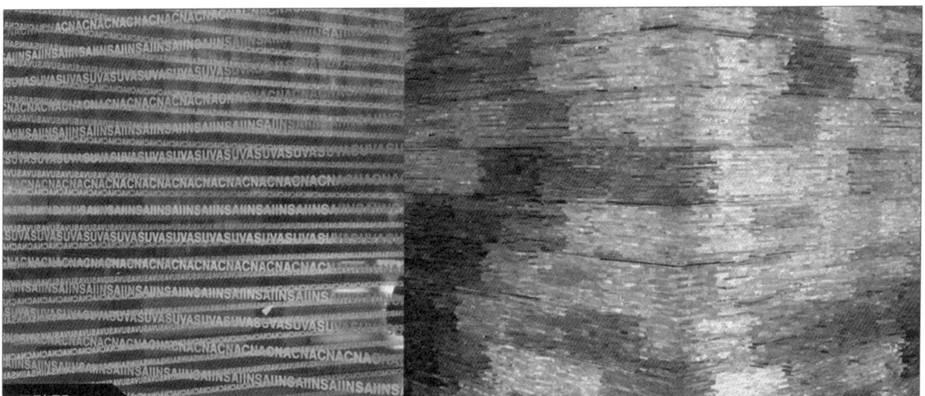

그림 75:
유리의 다양한 효과를 나타내는 사례 – 폐유리와 활자를 각인한 유리를 층화하여 얻은 간섭효과

그림 76:
물성을 없애고 부유하는 유리 입체들

그림 77:
경량구조와 석재구조로 드러나는 신(新) · 구(舊)의 대비

능숙하고 정확한 재료의 활용은 여러분의 설계가 내세우는 주제를 뒷받침할 수도 있고, 심지어는 그러한 재료활용 자체가 설계의 효과를 내는 관건일 수도 있다. 이러한 맥락에서 중요한 속성들로는 다음과 같은 예가 있다.

_ 돌의 속성, 흙의 속성
_ 가벼운 속성, 부유하는 속성
_ 감춰지는 속성
_ 층화되는 속성
_ 투명한 속성, 반투명한 속성
_ 열리는 속성, 닫히는 속성

유리를 사용하면 경량의 입체에 다소 물성을 없앨 수 있다. 반면 흙과 같은 재료들을 사용하면 따낸 것과 같은 형태들의 구조를 향상시킬 수 있다. 유연하고 투명한 건물재료들을 사용하면 건축물에서 외피가 분리되는 인상을 만들어낼 수 있다. 〉 그림 76과 77 참고

6. 아이디어에 도달하기

일반적으로 여러 방식의 건축실무가 있는 만큼 하나의 설계 아이디어에 도달하는 방법도 여러 가지다. 설계과정은 종종 무의식적으로 시작되거나, 또는 여러분의 관심을 일깨우고 여러분의 상상을 자극하는 어떤 경험이나 사건으로부터 영감을 받을 수도 있다. 그러한 "사건들"은 일반적으로 위에서 언급한 다양한 종류의 외적 자극들이다. 그것들은 설계를 만들어내는 건축가에게 영향을 주거나 건축가가 활용할 수 있는 경험의 기초들을 형성한다. 일단 여러분의 첫 아이디어들을 발전시켰다면, 그것들을 어떻게 실행하고 싶은지를 생각해보고 다양한 접근 가능성을 모색해볼 필요가 있다.

이상에 대한 충실성 유지
Remaining true to an ideal

설계 작업을 할 때, 여러분은 최초의 아이디어를 처음부터 끝까지 엄격하게 고수할 수 없음을 종종 알게 될 것이다. 가지각색의 조건과 기초적인 아이디어들은 다양한 대안과 설계 접근법들을 필요로 할 것이다. 다양한 접근들 속에서 영감을 주는 아이디어들을 찾아서 이를 더욱 발전시키고 싶을 수 있다. 물론 그것들을 다른 아이디어들과 결합하거나 너무 주저하는 바람에 좋은 원칙들을 희석시킬 위험도 있다. 설령 여러분의 최초 원칙 때문에 다른 아이디어들을 희생하는 한이 있더라도 그 최초 원칙을 항상 명심해야 한다. 또 다른 아이디어 때문에 좋은 아이디어 하나를 버리는 일이 언제나 불리한 것만은 아니다. 왜냐하면 새로 채택하는 아이디어가 보다 간결하고 이해하기가 쉽다면 여러분 설계의 질을 향상시킬 수도 있기 때문이다. 새로운 프로젝트 작업을 시작할 때 여러분은 이전에 버렸던 아이디어들로 돌아가는 자신의 모습을 발견할 수도 있다. 이와 같은 식으로 여러분의 아이디어들은 여러분이 가진 지식의 폭을 넓혀줄 것이다.

간단하되 진부하지 않게
Simple but not banal

이상에 대한 충실성을 유지하고 간결한 개념들을 추구할 때는 진부하거나 깊이가 없어질 위험도 있고, 명료성을 위해 설계의 복잡성과 미묘함이 희생될 위험도 있다. 건축물에 대한 요구들이 그러하듯이 설계와 건축물도 다차원적이고 다양화되어야 한다. 그럼에도 불구하고 다양성은 디테일의 형성과정에서 철저한 명료함을 요하기도 한다. 많은 흥미로운 디자인들이 최종 디테일까지 충실하게 수행되는 하나의 분명한 원리에 기초한다. 이는 여러분의 기초적인 아이디어가 독단적인 견해가 되어선 안 된다는 말이다. 또한 모든 것을 이러한 하나의 원리로 환원하라는 의미도 아니다. 여러분의 설계에서 결정되는 요소들이 설계의 표현방식과 유리되지 않은 채 분명히 드러나야 한다는 점을 명심해야 한다. 그리고 설계의 여러 부분들마다 다양한 원리들이 중첩하여 서로를 보충하고 향상시킬 수 있어

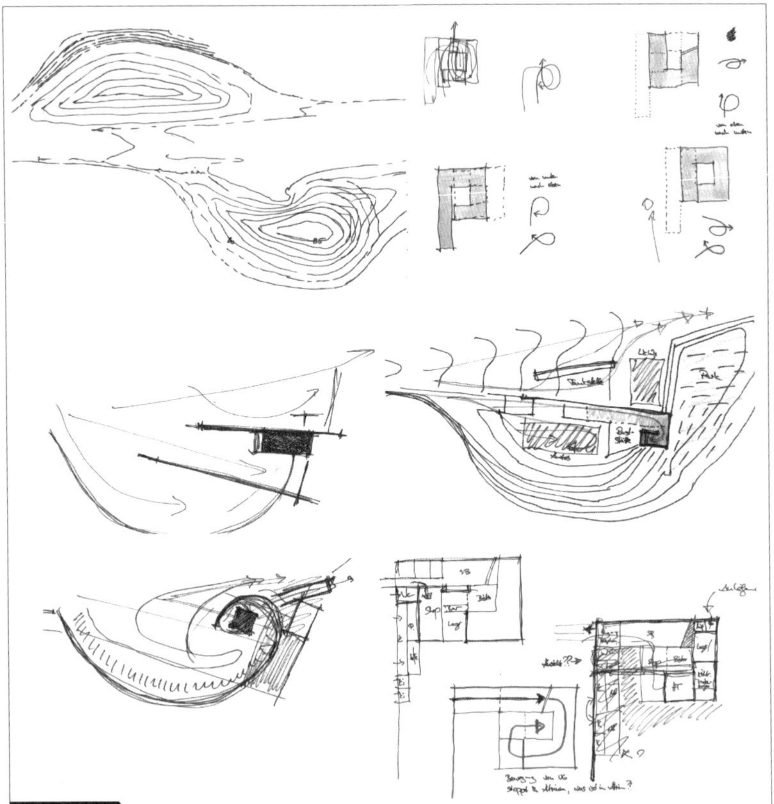

그림 78:
연필과 종이로 그린 기본설계 아이디어

야 함을 잊지 말아야 한다.

프레젠테이션의 도구와 기법 Tools and techniques of presentation

여러분이 선택하는 프레젠테이션 기법과 도구들이 설계과정에 크게 영향을 줄 수 있다. 하나의 오브제를 세밀하게 공들여 만드는 것과 같이, 여러분 작품의 결과는 그 도구들에 달려있다.

연필은 평면들을 발전시킬 때, 1층 평면과 골조, 개략적인 윤곽을 스케치할 때 아주 좋다. 〉그림 78 참고 1층 평면은 설계의 구성과 조닝을 할 때뿐만 아니라 공간구조와 수평동선을 스터디하고 발전시킬 때에도 이상적인 토대가 된다. 또한 1층 평면을 통해 수직적인 관계들과 부문들 내의 공간적인 비례들을 나타낼 수도 있다. 파사드들은 실내의 채광을 면밀히 생각하고 설계하는 데, 건축물의 외관뿐만 아니라 건축물과 외부와의 상호작용을 위한 좋은 출발점을 제공한다. 반면, 여러분이 만약 친숙하지 않은 새로운 종류의 매체와 프레젠테이션 기법을 활용할 경

그림 79:
컴퓨터를 이용하여 만든 형태들 – 블롭(blobs)

우에는 새롭고 혁신적인 어떤 해결책들을 떠올릴 수도 있다. 〉'아이디어에 도달하기' 장의 '방법과 전략' 참고 지난 10년에 걸쳐서 컴퓨터보조설계(computer-aided design: CAD)는 연필과 같은 아날로그 도구들로는 시각화하기 어려웠을 건축 형태들의 창출을 가능하게 했다. 디지털 세계의 다양한 가능성들의 산물, 특히 최근 트렌드의 하나인 블롭 아키텍처(blob architecture)는 복합적이고 유선형으로, 종종 만곡되어 생물형태적인 형상을 나타내기 위해 프리폼 곡선(스플라인)들을 사용한다. 오직 현대적인 설계와 시각화 소프트웨어의 활용만이 이러한 디자인들을 가능케 했다. 〉그림 79 참고

건축을 공부하는 학생이라면 어떤 "수작업" 도구들이 직관적인 접근에 가장 잘 맞는지, 그리고 어떤 도구들이 자신의 창의성을 가장 잘 뒷받침하고 자극하는지를 알 수 있도록 다양한 접근들을 시도해보는 것이 좋다.

\\Tip:

컴퓨터보조설계 프로그램들이 가진 잠재력에도 불구하고 (연필 및 여타의 도구들과는 반대로) 직관적인 활용이 불가하기 때문에 많은 건축가들은 그러한 프로그램들로 건축물을 설계하기가 어렵다고 생각한다. 신입생들은 이러한 프로그램들을 무척 동일한 방식으로 경험한다. 따라서 컴퓨터보조설계 소프트웨어는 설계에 있어 수작업의 측면(예: 연필을 통한 작업)이 더 이상 여러분의 주목을 끌지 못하는 경우에 사용하거나, 입체와 오브제의 직관적인 설계가 가능한 프로그램인 경우에만 사용하는 것이 좋다.

\\참고:

블롭과 그것을 어떻게 발전시키는지에 대한 배경정보에 관심이 있다면, 제프리 키프니스의 "새로운 건축을 향하여(Towards a New Architecture)"와 그렉 린의 "건축의 곡선성: 접힘, 굽힘, 유연함(Architectural Curvilinearity: The Folded, the Pliant and the Supple)"이란 논설들을 읽어볼 것을 권한다[두 글 모두 『현대건축의 이론과 선언(Theories and Manifestoes of Contemporary Architecture)』 제2판에 실림].

6.1 창의성과 창의성기법

학생들이 공부를 처음 시작할 때, 종종 대학이 요구하는 디자이너로서의 창의성을 스스로 충족할 수 있을 것인지의 여부를 궁금해 한다. 학생들은 예전의 경험에 기초하여 스스로의 창의성과 설계능력을 판단하려 하고, 이를 건축수업에 반영하는 경향이 있다. 건축설계를 위한 독창성은 어느 정도까지 필요한가? 설계과정에서 창의성은 어떤 역할을 하는가?

창의성
Creativity

설계를 공부하는 과정에 있을 때 여러분이 좋아하는 것을 무엇이든 "그릴" 수 있는 하얀 캔버스 앞에 서 있다는 점을 거의 알지 못하기 마련이다. 설계과정에 영향을 주는 어떤 요인들이 분명히 있고 그것들은 종종 설계과정의 출발점과 그것이 취할 방향들을 결정한다. 설계과정 중에 여러분이 전례가 없는 아이디어들을 발전시키는 일은 거의 없을 것이다. 주된 어려움은 기존의 원리들과 설계 접근법들에 기초하여 새로운 해결책들을 발전시키는 데에 있다. 결국 한 사람의 개인적인 잠재력과는 상관없이 창의성은 언제나 외적인 영향들, 즉 한 사람이 이미 학습한 것들과 그것들을 더욱 발전시키려는 의지로부터 자극을 받아야 한다.

과학은 건축설계에 있어 매우 유용한 갖가지 창의적 기법들을 개발해왔다. 이러한 기법들은 수많은 아이디어들을 단기간에 직관적으로 창출해내는 것을 목표로 한다. 그것들은 연상을 촉발하고 문제를 사고하는 새로운 방식들을 환기시킨다. 또한 숨겨진 아이디어를 활발하게 하고 어떠한 제지나 금지사항의 최소화를 목표로 하기도 한다. 그룹 참가자들 간의 상호소통은 새로운 해결책들을 찾는 매우 자극적인 방법이다.

브레인스토밍
Brainstorming

브레인스토밍 회의 중에는 하나의 그룹을 형성하여 하나의 특정한 임무를 부여한다. 처음에는 그 임무를 설명하고 분석한다. 만약 필요하다면, 전형적인

\\ 참고:

사람들은 일반적으로 창의성이라는 용어에서 어떤 문제나 임무를 새롭고 효과적으로, 그리고 대부분의 경우 관습적이지 않은 방식으로 타개하는 해결책을 연상한다. 창의성 없이 어떤 특정한 문제를 파악하거나 해결할 가능성은 매우 낮다. 더 나아가 창의성은 예전까지 어떤 특정한 맥락에서는 쓸 수 없었던 새로운 방책을 활용하여 문제에 유연하게 접근하도록 도와준다.

해결책 하나를 제시한다. 그리고서 모든 구성원들에게 서로를 비판하거나 타인의 아이디어에 대한 판단을 내리지 말고 자발적인 제안과 아이디어를 제안하도록 한다. 이렇게 해야만 그룹의 구성원들이 처음에는 한 아이디어의 모든 결과들을 충분히 생각해보면서 낙담하였다가도 자기 의견을 자유롭게 표현할 수 있도록 고무된다. 터무니없는 아이디어라 할지라도 어떤 구성원에게는 대안적인 접근법을 떠올리게 함으로써 다른 사람들로 하여금 또 다른 누군가를 자극시킬 수 있다. 회의 과정의 모든 제안들을 기재한 후, 끝나갈 즈음에 그 제안들을 다시 보면서 실행가능성 측면에서 평가한다.

브레인라이팅
Brainwriting

브레인라이팅은 브레인스토밍과 같은 절차를 따르지만, 아이디어들을 그룹에 제안하는 게 아니라 구성원 각각이 기록한다는 점에서 다르다. 이렇게 하면 상대적으로 말수가 적은 구성원들이 자기 아이디어를 제시하기가 더 쉽다.

갤러리기법
Gallery method

특히 건축수업에서 창의성을 장려하려는 목적으로 종종 사용되곤 하는 갤러리 기법이라는 것이 있다. 각각의 참가자들이 자신의 해결책을 적으면, 하나의 디스플레이 화면 위에 그것이 다른 해결책들과 함께 나타난다. 연상단계(토론단계)에서 해결책들에 대해 논의하고, 이때 일어난 새로운 통찰들에 기초하여 그 해결책을 다듬는다. 이렇게 다듬은 해결책들을 다른 그룹 구성원들에게 발표하고 비평을 받는다.

스캠퍼
SCAMPER

스캠퍼는 체크리스트처럼 기능하는 창의성 기법으로서, 새로운 방향을 찾고 통상적인 아이디어들에 의문을 제기하려는 목적을 갖는다. › 표 2 참고 구체적인 요점들에 관한 질문에 답함으로써, 참가자들은 설계에 관한 다양한 대안들과 맞닥뜨릴 수 있는 정체상태로부터 빠져나오는 방법들을 찾는 시도를 할 수 있다.

표 2:
스캠퍼 기법(SCAMPER Method)

약자	의미	
S	Substitute (대체)	개별요소들의 대체
C	Combine (결합)	다른 요소들과의 결합, 혹은 다른 요소들과 또 다른 요소와의 결합
A	Adapt (각색)	내용이나 기능의 각색
M	Modify (변경)	크기나 규모의 변경, 요소들의 변경
P	Put (용도전환)	다른 용도로의 전환
E	Eliminate (제거)	부가된 요소들의 제거, 핵심기능들로의 감축
R	Reverse (역전)	뒤집기, 정반대의 아이디어들

마인드맵
Mind maps

마인드맵은 하나의 과업을 제시하는 다이어그램이다. 중심 과업을 지면의 가운데에 기재하고 이에 속하는 하위개념과 다양한 측면들을 시각적으로 연결한

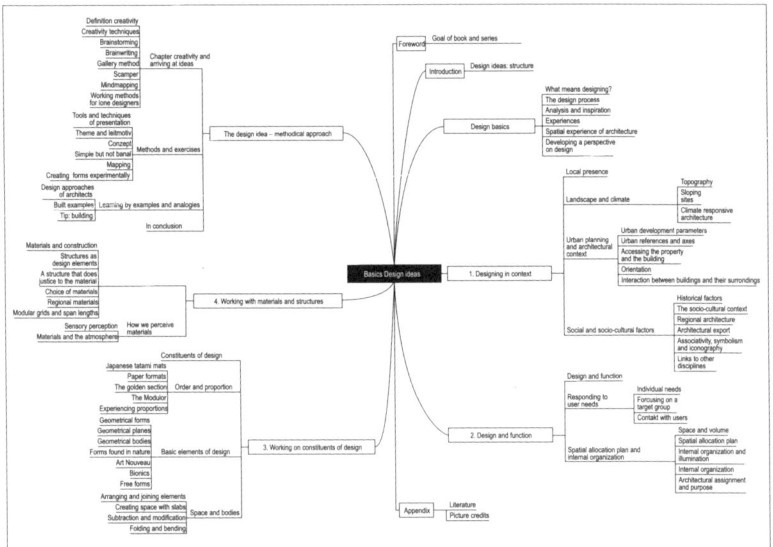

그림 80:
본서 『설계 개념의 기초』를 위한 마인드맵

다. 예를 들어 여러분이 어떤 설계과제와 그 기능을 연구하고자 한다면, 마인드맵이 기능계획을 발전시키는 데 도움이 될 수 있다. 〉 그림 80, '설계와 기능' 장의 '공간할당계획과 내부구성' 참고

홀로 설계하는 이들을 위한 작업방법
Working methods for lone designers

여러분이 그룹에서 작업하지 않고 혼자서 설계 아이디어를 찾는 중이라고 해도, 여전히 위에서 언급한 창의성 기법을 유용하게 여길 수 있을 것이다. 설계과정에서 창의성이 막혀버리는 위험을 피하려면, 여러분의 설계가 구체화되어감에 따라 그 설계와 여러분 스스로를 관찰하며 질문해보고, 이러한 다양한 측면들을 다른 관점과 시각(예: 외부인의 시각)에서 고려해보는 것이 좋다. 다른 분야에서 일하는 사람들을 비롯하여 타인과의 논의가 도움이 될 수 있다. 또한 스스로를 사용자의 입장에 두고 그들의 눈으로 자신의 설계를 바라봄으로써 건축물이 사용자들에게 미칠 영향을 연구할 수도 있다.

종종 정기적인 휴식을 취하고 잠시 다른 일을 함으로써 여러분의 설계 아이디어나 여러분이 하고 있던 특정한 생각들로부터 거리를 좀 둘 것도 권고할 만하다. 이렇게 할 때 여러분의 설계를 이루는 기초 원리들을 외부인의 눈으로 스스로 이의를 제기해 보며 비판적으로 평가할 수 있을 것이다.

6.2 방법과 전략

분석과 조사
Analyses and surveys

대개 여러분이 직면하는 맨 처음 임무 중의 하나는 위에서 언급란 설계요인들의 조사와 관련된다. 어떤 접근법이 성공적일지 알 방법은 없다. 해당 대지를 직접 찾아가 보는 것이 최선일지도 모른다. 스케치를 하고 사진을 찍고 보다 폭넓은 주위환경들을 연구하는 동안 여러분 설계에 대한 최초 아이디어들을 발전시키게 될 것이다. 어떤 지역에 대한 느낌을 얻기 위해 그곳의 공간적이고 도시적인 맥락을 분석하려는 노력은 종종 그럴만한 가치를 갖는다. 이러한 노력은 특히 여러분에게 친숙하지 않은 지역을 다룰 때 중요하다.

모범 건축사례
Models and built examples

또 다른 방법은 여러분의 과제에 대한 느낌을 얻을 수 있도록 그것과 유사한 문제를 해결하기 위해 설계되었거나 비슷한 맥락에서 개념화된 다른 건축물들을 연구하는 것이다. 만약 계획과제가 주위환경을 조사하기 어렵게 만드는 특별한 기능(예를 들어 철도 역사나, 경사지에 위치한 건축 대지)을 포함한다면, 준공된 건축물의 사례 조사가 그 문제에 대한 해법의 유용한 실마리를 제공할 수 있다. 준공된 건축물의 사례들을 더 많이 연구할수록, 더 넓은 범위의 대안들과 선택이 가능해질 것이다. 여러분의 설계를 발전시킬 때 기억해야 할 점은 미적인 감각이 가치를 두어야 할 유일한 기준은 아니라는 점이다. 일반적인 조건들도 고려해야 하고, 건축물이나 시야를 그 구체적인 맥락 속에서 시각화하고 분석하고자 노력하면서 여러분만의 아이디어들과 그에 따른 접근법을 발전시키야 한다. 〉 '맥락 속에서 설계하기' 장 참고

유명한 건축가들의 설계 접근법
Design approaches of famous architects

또 다른 방법은 유명한 건축가의 작품들을 연구하여 그의 기본원칙과 개념들을 적용하여 설계를 발전시켜보는 것이다. 여러분의 프로젝트를 설계하는 동안 그 건축가의 작품과 입장을 훨씬 더 깊게 이해하게 될 것이다. 그 내용을 여러분의 디자인에 적용하면 그것과 부합될 뿐만 아니라 여러분이 적합하다고 생각하는 자신만의 접근방법을 발전시킬 수 있을 것이다.

주제와 주요 모티프
Theme and leitmotif

건축물을 형상화하는 설계 아이디어를 파악하기 불가능할 때가 자주 있다. 이는 종종 건축물들이 수많은 기능을 발휘해야 하고 설계단계에서 이러한 기능들을 대개 동등하게 다뤄야만 한다는 사실에 기인한다. 여러분의 디자인이 어떤 정체성을 확실히 갖게 하려면 그것에 하나의 주제나 주요 모티프를 부여할 수도, 하나의 좋은 근거를 찾을 수도 있다. 때로는 주요 모티프들을 건축설계의 일반적 맥락을 벗어난 곳에서 발견할 수도 있다.

여러분의 설계에 디자인 요소로 변형될 수 있는 물질적인 오브제들과 비물질적인 현상들 모두로부터 주제에 대한 영감을 발견할 수도 있다. 이러한 변형이

그림 81:
다양한 시대에 실현된 "배" 라는 주요 모티프

그림 82:
박물관 방문객들이 주제전시실과 평행하게 걷는 하나의 나선형 경로로 해석된 "진화" 라는 주요 모티프

그림 83:
숲속의 공동주택단지 설계를 위한 "섬" 이라는 주요 모티프

수반하는 추상의 정도를 정확히 정의하기에는 어려움이 있다. 만약 매우 명백한 모티프와 연상들로 두드러지는 주제를 선택한다면, 여러분이 그 모티프를 여러분의 설계에 직접 채택했기 때문에 단순하거나 진부해보이지 않도록 해야 한다. 동시에 여러분의 모티프가 지나치게 추상적으로 보임으로써 본래 주제와의 관련성을 모두 잃어버리지 않게도 해야 한다.

여러분의 설계는 주제적인 영향들에 섬세하게 반응해야 한다. 〉 그림 81-83 참고 이러한 훈련들이 준거가 되는 모티프와 추상, 상징요소들을 사용하는 법을 배우는 데 도움을 줄 것이다.

매핑
Mapping

매핑은 특별한 번안형식이자 설계주제를 발전시키는 하나의 특수한 방식이

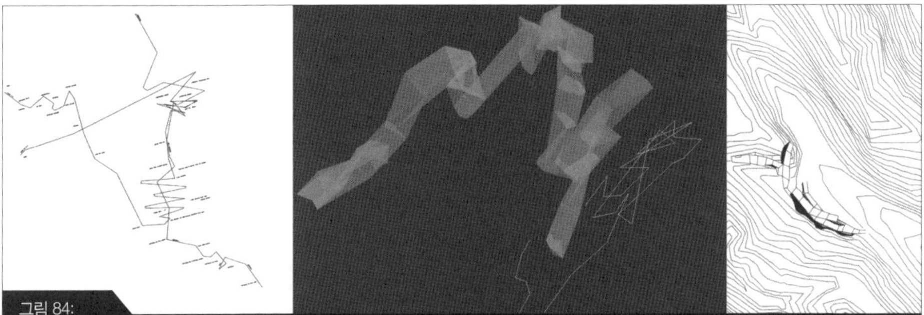

그림 84:
매핑에서 설계로(From mapping to design)

다. 매핑을 통해 여러분은 장차 건축대지에 일어날 공간적 현상들과 관련되고 여러분 설계의 기초가 되는 건축적 구조를 발전시킬 수 있다. 실제의 매핑과정은 사진과 영상을 촬영하거나 스케치와 모형을 제작하는 작업을 포함한다. 그 다음에 데이터는 공간적 현상들(예: 움직임을 위한 공간, 빛과 그림자, 간극, 소음 등)에 초점을 맞춰 특별하게 발전시킨 논리와 언어, 즉 특별한 표기체계를 활용하여 평가된다. 그 표기는 공간적인 현상들을 하나의 건축구조 모델로 전환시키기 위한 의도로 고안된다. 〉그림 84 참고 이렇게 매우 집중적이고 확실히 자각할 수 있는 대지분석을 통해 대지를 면밀하게 연구하고 당면과제를 보다 효과적으로 준비할 수 있을 것이다.

실험적으로 형태 만들기
Creating forms experimentally

과제에 대한 분석적인 접근 대신, 실험적으로 형태를 만들면서 최초의 주제에 관한 입장에 도달할 수도 있다. 컴퓨터로 설계/시각화 소프트웨어를 활용하거나 아날로그 방식의 조각모형들(예: 석고, 밀랍, 점토)을 활용하여 이 과제를 수행할 수 있다. 여러분이 얻은 결과를 나중에 3차원 스캐너나 기타 장비를 통해 디지

\\ 참고:
'매핑(mapping)' 이라는 용어는 '지도' 를 뜻하는 '맵(map)' 이란 단어에서 유래한다. 지도는 사실들을 다룬다. 그것은 물리적인 세계나 논리적인 세계에 존재하는 요소들 간의 치수와 속성, 관계들을 그래픽으로 재현한 것이다. 우주와 은하, 시간, 역사, 직업, 철학까지 거의 모든 것을 묘사하고 기록할 수 있다. 이러한 주제에 관심이 있다면, 『매핑(Mapping)』(Roger Fawcett-Tang and William Owe, RotoVision, 2005)이라는 책을 추천한다.

그림 85:
실험적으로 만든 형태들에 기초하여 건축된 사례들

털화할 수 있으며, 전통적인 재료들을 다양한 맥락에서 실험하면서 예기치 않은 혁신적인 형태들을 만들 수가 있다.

다음과 같은 많은 방법들이 가능하다.

_ 구겨진 종이로부터 형태를 도출하기 (프랭크 게리가 스터디를 준비할 때 이러한 방법을 쓴다.)
_ 복잡한 기하학적 형태들을 만들기 위해 하나의 오브제(깡통이나 보드지로 만든 상자)를 변형하기
_ 자성(력)을 활용하여 구조물 만들기: 예) 탁자 위에 쇳가루나 못들을 배열하기
_ 역동적인 형태를 만들기 위해 보드 위에서 점토를 가공하기

실험적인 작품은 기본적으로 우연적이거나 무작위적인 성격이 있다고 보일 수 있으나, 이는 어느 정도까지만 그러할 뿐이다. 일반적으로는 아이디어들을 실험하면서 최종적으로 가능성 있는 구조를 갖추었다고 확인할 때까지 여러 결과들을 스스로 폐기하게 될 것이다. 그 다음에야 최종적으로 얻은 구조를 다듬고 최적화하는 작업을 시작할 수 있다. 이와 같은 실험은 여러분의 창의성을 위한 촉매제 역할을 한다. 기초적인 기하학적 형태들을 다룰 때와 같이 이러한 첫 번째 방법으로부터 설계과정의 다음 단계들이 진행된다. 흥미로운 것은 여러분이 어떤 접근법을 택하더라도 여러분이 만든 형태들 내에서 기능적이고 미적인 잠재력을 일치시킬 수가 있다는 점이다. 〉그림 85 참고

7. 결론

어떤 건축 설계의 특성이 개념의 일관성과 대지에 대한 차별화된 접근과 같은 어떤 독특한 특징들 속에 분명히 나타날지라도, 그 특성에 대한 판단에는 언제나 주관적인 인식이 담긴다. 건축의 특성은 사실 객관적인 요인이나 평가기준의 관점에서 판단할 수는 없다. 평가에는 언제나 평가자의 주관적인 관점이 담긴다. 건축물의 생애를 뛰어넘는 시대적인 취향변화 역시 일정한 역할을 한다. 1980년대에 현대적이었던 건물이 이제는 구식으로 보일 수 있는 반면, 19세기 말에 중부유럽에서 치장벽토로 과도하게 장식했던 [그륀더차이트(Grunderzeit) 양식의] 건축물들이 지금은 매우 인기가 있다. 물론 모더니스트들은 그런 건축물들에 키치적이라는 조롱을 퍼붓지만 말이다. 어떤 디자인이 "시대를 초월"하여 만들어지든 당대의 취향을 직접적으로 반영하든 간에, 특성을 조금도 잃지 않은 채 잘 개념화되어 지어지는 디자인만이 진정 일관성을 갖게 될 것이다. 설계과정은 초기의 한 아이디어로부터 진화하며, 설계는 점차적으로 윤곽을 잡아간다. 이제 그 목적은 설계의 밑바탕을 이루는 원리와 기초적인 아이디어를 평면들로 옮기고, 세부적인 디테일 작업을 하고, 시공단계로까지 프로젝트를 이끌어가는 것이다.

본서의 의도는 설계자들에게 영감의 원천을 제공하는 것이며, 한 과정의 예비단계를 다루고 있을 뿐이라는 사실을 잘 알고 있다. 본서에서 제시한 방법들은 설계과제에 대처하기 위한 다양하되 결코 확정적이지는 않은 방식들이다. 설계는 어떤 과정들이나 기존의 모델들을 단순히 복제하는 것이 아니다. 설계는 언제나 다양한 조건 하에서 새로운 총체성을 만들어내고 다양한 영감의 원천들을 활용하는 창조적인 과정이다. 본서에서 독립적으로 살펴본, 최초의 설계 아이디어들을 착상하기 위한 요소-맥락, 기능, 설계, 재료, 구조-들이 설계과정 전반에 걸쳐 긴밀하게 상호작용함으로써 영향들과 조건들이 이루는 하나의 복합체를 만들 수 있어야 한다. 이러한 요소들 중에서 무엇이 최초의 설계 아이디어를 탄생시키고 어떤 접근법이 원숙한 개념으로 이어지는가? 그 답은 개인적인 경험과 통찰 속에 있다. 이에 덧붙여 건축의 교육과정은 그러한 경험과 통찰을 얻기 위한 매우 귀중한 토대를 제공한다. 설계는 책이나 강의로부터 수동적으로 배울 수 있는 것이 아니다. 책이나 강의는 단지 학생들의 개별적인 발전을 위한 자극을 제공하거나 촉매제로서 작용할 뿐이다. 설계는 실천적인 경험을 통해 스스로 해보면서 배우는 것이다. 나는 이 『설계개념의 기초』라는 책이 여러분만의 창의적인 설계를 만드는 데 유용한 자극을 제공하고 당신 스스로 설계의 모든 측면에 전념하도록 용기를 주길 바란다. 무엇보다도, 장기적으로 설계에서 여러분만의 길을 찾는 데 이 책이 도움이 되길 바란다. 이 말은 당신이 결코 질문하기를 멈추지 말아야 한다는 뜻이고, 언제나 기꺼이 실험하려는 의지를 가져야 하며, 호기심을 갖고 스스로의 설계 작업에서 기쁨을 찾으라는 뜻이다.

역자후기

설계를 하는 모든 이들이 매번 고뇌하는 것은 아마도 주어진 과업에 대해 어떻게 접근해야 할지, 무엇에 가치와 비중을 두어야 할지에 대한 것이라고 생각된다. 특히 대학의 학부과정에서 처음 설계를 접하게 되는 저학년들에게는 무엇을 먼저 해야 하는지에 대한 점이 가중되고 설계담당 교수의 여러 조언들이 마치 알아듣기 힘든 선문답처럼 다가오거나 너무 많은 설계과정상의 요구가 있기에 더욱 그러할 것이라고 생각된다. 역자 본인도 아직까지 열심히(?) 디자인을 공부하고 있는 입장에서 학부 시절부터 지금까지 계속 고민되어오고 있는 과제이며, 더욱이 대학에서 학생들에게 설계를 가르치고 있는 입장에서 어느 단계에서, 무엇을, 어떻게 판단해야 하는지 친절히 안내해 주기란 쉽지 않은 일이다. 그 와중에 "설계개념의 기초"라는 책을 접하게 되었다.

이 책은 본래 독일어에서 영어로 번역된 것을 다시 한국어로 번역하는 일이었다는 역자의 입장을 차치하고 독자의 입장에서 이 책을 평해본다면, "설계개념의 기초"라는 제목에 걸맞게 너무 깊지도, 그렇다고 너무 가볍지도 않게 아이디어에 관한 핵심만을 놓치지 않고 친절하게 풀어쓴 책이다. 너무 깊은 내용을 다루기보다는 기본적인 사안들과 더불어 몇 가지 팁과 참고, 사례, 관련도서 정보까지 제공해가며 안내의 역할을 꽤나 충실히 하고 있어 건축뿐만 아니라 실내디자인 등 공간설계에 관련된 학문을 전공하는 학생들에게는 기본 지침서인 셈이다. 이에 본격적인 설계 프로젝트에 들어가기 이전 단계뿐만 아니라 설계를 진행하고 있는 학기 중에도 꾸준히 이 책을 읽어볼 것을 권장한다.

외국서적을 한국어로 처음 번역해 본 역자가 일선에서 설계를 가르치는 입장으로 다시 돌아가 보면, 평소 설계수업에서 설계 각론과는 별도로 매 단계마다 학생들에게 기초적 사항으로 이야기해 주고 싶었던 내용, 학생들이 저 마다의 문제를 어떻게 해결해야할지 난감해 할 때 근거를 제시하며 명쾌한 설명을 해주고 싶었던 이야기들이 적지 않게 담겨져 있다. (이에 원문에 조금이나마 보충 설명이 필요한 부분을 '※' 표시하여 본 역자가 주석으로 기술하였다.) 뿐만 아니라 스튜디오 형식으로 설계교과목이 운영될 경우 자칫 담당교수의 다소 주관적 입장으로 인하여 학생들에게 혼선을 불러일으킬 수 있는 상황을 미연에 방지할 수 있는 최소한의 교육적 내용들이 아우러져 있어 설계수업을 담당하고 있는 선생님들에게도 유용하리라 생각된다. 또한 일부 대학에서 운영되고 있는 설계방법론, 디자인방법론이라는 교과목에서 이 책을 교재로 삼고 몇 가지 참고서적들을 보강하는 방편도 좋으리라 감히 판단된다.

이 책은 설계의 아이디어 발상을 다루고 있다. 그렇지만 사실 아이디어가 어디 설계만의 일이겠는가. 아이디어는 우리의 생활을 변화시키는 근간이기도 하고, 그것은 숱하게 들어봤지만 쉽지는 않은 창의성과 연관된다. 따라서 이 책이 창의성까지 다루고 있다는 것이야말로 다시 그 제목에 대한 충실성을 보여주는 또 다른 지표라 할 수 있겠다.

무엇인가 창의적인 것을 만들어내고는 싶은데 뜻대로 안 되어 고민하는 수많은 예비 디자이너들에게, 저자의 말마따나 이 작은 책이 영감의 원천이 되길 기대해본다. 이 책으로 여러분이 무엇을 해야 할지를 직감한다면 열정을 샘솟듯 분출하기를 바란다. 여러분이 설계라는 창작의 나홀로 여행을 하고 있든, 여럿이 함께하는 뜨거운 추억여행을 하고 있든 간에 창작의 열정을 불태우기에 적절한 여행 지침서 하나쯤은 필요하지 않겠는가? 여러분의 아름다운 여행에 건투를 빈다.

이 책의 번역내용에 있어 오역이나 악역이 있을 경우, 개선사항에 대한 의견을 알려주시고자 하는 분은 jjsewa@hoseo.edu로 연락주시기를 부탁드린다.

정성욱

참고문헌

설계 기초사항

Leon Battista Alberti: *The ten Books of Architecture* (the 1755 Leoni Edition), New York 1986

Francis D.K. Ching: *Architecture. Form, Space and Order*, John Wiley & Sons, New York 1996

Le Corbusier: *The Modulor, Modulor* 2, Birkhäuser Verlag, Basel 2000

Roger Fawcett-Tang, William Owen: *Mapping*, RotoVision, Brighton 2005

Christian Ganshirt: *Werkzeuge für Ideen*, Birkhäuser Verlag, Basel 2007

Jeffrey Kipnis: InFormation/DeFormation, in *Arch+*, No. 131

Greg Lynn: Das Gefaltete, das Biegsame und das Geschmeidige, in *Arch+*, No. 131

Andrea Palladio: *The four Books on Architecture*, MIT Press, Cambridge 1997

Camillo Sitte: *City Planning according to Artistic Principles*, Phaidon, Berlin 1965

Vitruvius: *Ten Books on Architecture*, Cambridge University Press, Cambridge 1999

건축 역사 및 이론

Otl Aicher: *The World as Design*, Ernst, 1994

Leonardo Benevolo: *The European City*, Blackwell, Oxford 1993

Le Corbusier: *Towards a new Architecture*, Dover Publications, London 1986

Siegfried Giedion: *Space, Time and Architecture: The Growth of a new Tradition*, Harvard University Press 2003

Hanno-Walter Kruft: *A History of architectural Theory from Vitruvius to the Present*, Zwemmer, London 1994

Robert Venturi: *Complexity and Contradiction in Architecture*, Little Brown & Co 1977

Robert Venturi, Denise Scott Brown, Steven Izenour: *Learning from Las Vegas*, MIT Press, Boston 1972

설계에 대한 다른 접근들

Jürgen Adam, Katharina Hausmann, Frank Juttner: *Entwurfsatlas Industriebau*, Birkhauser Verlag, Basel 2004

Sophia und Stefan Behling: *Solar Power*, Prestel Publishing, Munich 2000

Mark Dudek: *Entwurfsatlas Schulen und Kindergarten*, Birkhäuser Verlag, Basel 2006

Roberto Gonzalo, Karl J. Habermann: *Energy-Efficient Architecture*, Birkhauser Verlag, Basel 2006

Rainer Hascher, Simone Jeska, Birgit Klauck: *Office Buildings. A Design Manual*, Birkhäuser Verlag, Basel 2002

Paul von Naredi-Rainer: *Entwurfsatlas Museumsbau*, Birkhäuser Verlag, Basel 2004

Ernst Neufert: *Architect' s Data*, Blackwell Science Ltd, London 2000

Friedericke Schneider (ed.): *Floor Plan Manual. Housing*, Birkhäuser Verlag, Basel 2004

그림출처

Sebastian El khouli

그림 1, 3, 5 (W. Wassef), 12 왼쪽 (R. Moneo), 26 오른쪽 (E. Heerich), 30, 34 왼쪽 + 가운데, 35 전부, 46, 49 왼쪽 (H. Guimard), 70 (H. Stubbins), 71 오른쪽 (T. Herzog), 77 (M. Campi, F. Pessin), 80

FG ee, Hegger

그림 2 (Morger Degelo), 46 가운데, 75 왼쪽 (HdM)

Bert Bielefeld

10쪽 그림 (Le Corbusier), 그림 4, 6, 11, 12 오른쪽, 13, 14, 18, 20 (Botta, Palladio), 23, 24, 26 가운데 왼쪽, 가운데 오른쪽 (Gaudi), 27, 29 오른쪽, 33 (Foster), 36 (Le Corbusier), 39, 41, 47 전부, 48 전부, 49 가운데 왼쪽 + 오른쪽 (Gaudi), 55, 56 왼쪽(Mendelsohn), 56 오른쪽 (Le Corbusier), 58, 60.63, 64 왼쪽 (Mies van der Rohe), 65.67, 71 가운데 왼쪽(Gaudi), 71 가운데 오른쪽 (Le Corbusier), 73, 74, 75 오른쪽, 81 전부, 85 가운데 오른쪽 (Domenig)

Katrin Kuhn/ Sonja Orzikowski: 그림 7 왼쪽

Barbara Gehrung: 그림 7 오른쪽, 21

Isabella Skiba: 그림 8, 15, 25, 57, 59

Rahel Zuger: 그림 9, 19

Atelier 5: 그림 7 가운데, 10, 16, 17, 26 왼쪽, 34 오른쪽, 40, 83

Joost Hartwig, Nikola Mahal: 그림 22

Annette Gref: 그림 28, 29 왼쪽, 78

Leonardo Bezzola: 그림 31 (Atelier 5)

Bruning Klapp Rein Architects: 그림 32 (Bruning Klapp Rein)

Hans Drexler: 그림 37, 69, 84 (DGJ)

Andrew Dunn: 그림 38 (R. Serra)

FLC, ProLitteris, Zurich: 그림 45 (Le Corbusier)

Peter Clericuzio: 그림 49 가운데 오른쪽 (G. Strauven)

무료 사진: 그림 50, 51 (Frei Otto), 53 (Grimshaw), 64 오른쪽 (M. van der

Rohe), 71 왼쪽, 72 왼쪽 (Calatrava), 72 가운데 (Frei Otto)

Gerd Alberti, Uwe Kils: 그림 52

arp: 그림 54

Denn: 그림 56 가운데 (Utzon)

Jon Sullivan: 그림 68 (F. Gehry)

I have got the style: 그림 72 오른쪽 (Nervi)

Chris73: 그림 76 (Behnisch)

Marion Schneider, Christoph Aistleitner: 그림 79 (P. Cook, C. Fournier)

Cordula: 그림 82 (Zamp Kelp/Krauss/Brandlhuber)

Richard Wasenegger: 그림 85 왼쪽 (Z. Hadid)

Andreas Poschek: 그림 85 가운데 왼쪽 (Coop Himmelblau)

Cacophony: 그림 85 오른쪽 (Gehry)

Martin Zeumer: 80쪽 그림

모든 사진에 대한 승인과 허가를 얻기 위해 최선의 노력을 다했습니다. 실수나 간과한 것이 있다면 출판사에 알려주시기 바랍니다.

역자 소개

정성욱_홍익대 · 홍익대 · 홍익대
- 호서대학교 실내디자인학과 교수
- (사)한국실내디자인학회 이사
- 2003/04/05/07/08/09/10/11 (사)한국실내디자인학회 지도교수상 수상
- 2007/08/10/11 (사)한국실내건축가협회 지도교수상 수상
- 2008/09/10 (사)한국문화공간건축학회 지도교수상 수상

Basics

DESIGN IDEAS

설계개념의 기초

Bert Bielefld · Sebastian El Khouli 저

정성욱 옮김

1판 발행 2012년 1월 31일 **발행**

발행인 겸 편집장 김기현

발행처 시공문화사 ***Spacetime***

등 록 1993년 3월 12일

주 소 서울시 서대문구 현저동 200 극동빌딩 5층

전 화 02) 3147-1212, 2323

전 송 02) 3147-2626

ISBN 978-89-5592-205-9

http://www.spacetime.co.kr

spacetime@korea.com

정가 9,500원